THE JOOGONG
더 주공

일러두기

- 글의 연속적 흐름을 위해 참고 문헌은 매번 언급하지 않고 가급적 글에 녹였습니다.
- 별도의 출처 표기가 없는 사진은 모두 작가가 직접 촬영한 것입니다.
- 지면 상의 한계로 인해 책에 싣지 못한 더 많은 사진을 작가의 아래 계정에서 볼 수 있습니다.
https://blog.naver.com/yoddang_apttour

우리가 살았던 그곳

들어가며

부동산 공부를 하며 전국의 재개발, 재건축 지역의 임장을 가곤 했습니다. 가 보지 않은 낯선 지역을 여행 가듯 방문하는 것도 좋았지만, 무엇보다 제 눈길을 사로잡은 건 그곳에서 만나게 되는 낡은 아파트들이었습니다. 말로는 잘 설명이 어렵지만 낡은 아파트는 낡은 것만이 주는 묘한 매력이 있습니다. 빛바랜 외벽 페인트 색, 멋진 글씨체의 아파트 현판, 다양한 색과 디자인의 우편함, 각양각색의 베란다 외관, 아파트 키를 훌쩍 넘게 자란 나무들이 자리를 잡은 단지 내 푸른 숲. 세월이 만들어 준 그 모습은 요즘의 신식 아파트가 만들어 내지 못하는 독특한 매력으로 가득 차 있습니다.

이런 오래된 아파트에 매력을 느껴 기록을 계속 하다 보니 어느새 책 두 권을 만들었습니다. 〈맨숀〉에서는 서울에 있는 오래된 맨션 및 연립들을, 〈숨겨진 공간〉에서는 전국에 있는 시장상가아파트들에 대해 다루었습니다. 두 권의 책을 만들다 보니 아주 오래 전부터 제 마음 한 켠에 전국의 저층 주공아파트들을 정리한 책도 꼭 만들고 싶다는 생각이 자리 잡았습니다.

대한민국 사람이라면 누구에게나 익숙한 단어인 '주공'. 낡고 오래되었다는 이유로 많은 저층 주공아파트 단지들은 이미 재건축이 되어 사라졌습니다. 하지만 주공아파트는 단순한 노후 건축물만은 아닙니다. 그곳은 한국 주거사의 집단적 기억이 머물러 있는 장소입니다. 처음으로 '내 집'을 가졌던 곳, 삼삼오오 단지 사이 공터에서 놀던 아이들이 저녁밥 냄새가 여기저기서 풍기면 각자의 집으로 돌아가던 우리 모두의 일상의

역사가 쌓여 있는 장소입니다. 이런 모두의 추억이 서려 있는 저층 주공아파트들이 하나둘 사라져 가면서, 어쩌다 이런 주공아파트가 찍힌 사진이라도 보게 되면 사람들은 잠시 하던 일을 멈추고 추억에 잠기곤 합니다.

그래서 많이 늦었지만, 아직 남아 있는 주공아파트들의 모습을 남기고 싶었습니다. 전국에 있는 저층 주공아파트들을 조사하고, 직접 방문해 걷고, 보고, 사진으로 담았습니다. 어떤 곳은 곧 철거를 앞두고 있었고, 어떤 곳은 주민들이 여전히 정겹게 살아가고 있었습니다. 여러 도시의 주공아파트들은 대한주택공사가 획일적으로 만든 평면도에 의해 건설되어 얼핏 보면 다 비슷한 모습으로 지어졌지만, 다양한 지역 환경과 시간의 흐름은 또한 각기 다른 풍경을 만들어 내고 있었습니다.

이 책은 그러한 주공아파트의 외관, 풍경, 상징, 조형물, 사람 그리고 관련된 사실을 담은 작은 기록물입니다. 책을 본 경험이 우리가 살아가는 도시에 관련된 과거 기억을 환기하고 공간의 의미를 되새기는 작은 출발점이 되기를 바랍니다.

서울 상계주공3단지에서 발견한 대한주택공사의 이름이 새겨진 맨홀 뚜껑, 2025년 5월 촬영.

책에서 다룬 주공아파트의 범위

이 책에서는 6층 이하의 건물 동으로 구성된 주공아파트 단지만을 대상으로 하였음을 미리 밝힙니다. 가장 많은 경우가 최고층이 5층인 동들로만 구성된 경우였고, 일부 단지의 경우는 5~6층으로 만들어진 동과 2층 내지 3층의 연립주택, 때로는 한 개 층의 단독주택 형태를 띤 동들이 같이 있는 단지도 있었습니다. 80년대 후반 이후에 지어진 일부 단지의 경우 10층 이상의 고층과 5층 이하의 저층 단지들이 같이 있는 곳도 있었으나, 고층이 함께 있는 단지는 대상에서 제외하였습니다.

또한 책에서는 최소 3~4개 동 이상의 단지형 아파트들을 설명 대상으로 하였습니다. 이런 이유로 대한주택공사에 의해 지어진 저층의 아파트일지라도 서울의 동대문아파트나 홍제아파트와 같이 한 동만으로 지어진 아파트의 경우는 리스트에서 제외하였습니다.

저층의 동만으로 구성된 전국의 주공아파트 단지들을 한데 모아 보니 가장 이른 시기에 지어진 단지의 사용승인 시기는 1968년, 가장 늦게 지어진 단지의 경우는 1993년이었습니다.

첨언

책의 부록 부분에 있는 저층 주공아파트 단지 중 일부는 현재 재개발이나 재건축이 진행되어 책을 보는 시점에 따라서는 이미 사라지고 없을 수 있습니다. 이 책이 최종 편집된 시기는 2025년 7월입니다.

저층 동과 고층 동이 섞여 있는 서울 상계주공2단지(1987), 2025년 5월 촬영.

차례

들어가며   6

제1부 주공아파트의 장면들

형형색색의 주공들	17
5층이 아닌 주공아파트들	33
아파트 도색	43
울퉁불퉁 다각형 베란다	55
나무들	61
아파트 현판	71
단지 안내도	79
놀이터	87
우편함	95
고가수조타워	101
장독대	107
주공 상가들	113
아파트 단지 내 의자	121

아파트 입구   129

아파트 내부   134

제2부 주공아파트의 운명

그 많던 주공들은 다 어디로 갔을까   143

제3부 주공아파트에 대한 기억들

나의 살던 주공은   159

제4부 주공아파트에 관한 몇 가지 지식

주공아파트란   175

주공아파트 분양   179

주공아파트 공급   182

주공아파트 마크   185

주공아파트 동   191

주공아파트 층수   195

주공아파트 크기   201

주공아파트 난방   202

제5부 주공아파트에 관한 소소한 상식

전국에서 가장 오래된 주공아파트   211

전국에서 가장 비싼 주공아파트   215

전국에서 가장 저렴한 주공아파트   217

세대당 지분이 가장 큰 주공아파트   218

주공아파트 단지 중 최초로 재건축이 된 곳   221

주공아파트 나이 중 가장 이른 나이에 재건축이 된 곳   222

참고문헌   226

부록
전국에 남아 있는 저층 주공아파트 단지들   234

진주 이현주공(1983), 2024년 9월

* 사진 아래에 붙은 부연 설명은 다음과 같은 순으로 기술되었습니다.
- 소재지 및 해당 주공아파트의 이름(사용승인 년도), 재건축이 된 경우 현재 아파트의 이름(사용승인 년도), 해당 사진이 촬영된 시기(년, 월)

1부
주공아파트의 장면들

1부에서는 전국에 현존하는 저층 주공아파트들의 다양한 모습을 주제 별로 아카이빙 하였다.

진주 이현주공(1983), 2024년 9월

형형색색의 주공들

 전국에 산재해 있는 주공아파트들을 답사하러 다니다 보면 어디선가 본 듯한 아파트를 또 대면하는 느낌이 들곤 한다. 70, 80년대 주택 부족 문제의 빠른 해결을 위해 규격화된 설계 도면과 외양으로 아파트를 양산해 짓다 보니 필연적으로 발생한 결과이리라.

 그러나 오랜 세월이 흐르면서 단지 별로 보수 유지 정도에 차이가 발생하였고, 외벽 도색도 바뀌다 보니, 비슷하지만 또 다른 느낌의 주공아파트들이 되었다. 이 장을 구성하면서 처음에는 필자의 눈에 매력적인 아파트만을 집중적으로 담을까 하였지만, 비슷한 느낌의 단지 별로 같이 나열해 두고 보니 비교해 보는 재미가 쏠쏠하여 구성을 바꾸게 되었다. 지역은 각각 달라도 무척이나 닮아 있는 주공아파트들을 보면, 연대 별로 비슷한 방식의 건축 양식이나 자재를 사용하였다는 점을 알 수 있다.

서울 한강맨션(1970), 2019년 9월

서울 반포주공1단지(1973), 2020년 4월

창원 내동주공1단지(1977), 2024년 9월

안동 태화아파트(1978), 2024년 11월

전주 효자주공3단지(1984), 2024년 7월

대전 가오주공(1985), 2024년 10월

광명 철산주공10단지(1985), 현 철산자이브리에르(2026), 2021년 9월

사진 제공 - 황동헌

통영 충무봉평주공(1980), 2024년 11월

순천 석현주공(1983), 2024년 11월

광양 칠성주공2차(1987), 2024년 11월

강릉 포남주공1단지(1981), 2021년 2월

동해 천곡주공1차(1983), 2024년 10월

태백 황지주공1차(1983), 2024년 10월

영월 하송주공1차(1983), 2024년 11월

광명 철산주공8단지(1985), 현 철산자이헤리티지(2025), 2023년 8월

사진 제공 - 네이버블로그 hyang

제주 이도주공1단지(1987), 2021년 2월

인천 만수주공3단지(1987), 2024년 11월

경주 황성주공1차(1986), 2024년 11월

정선 무릉주공(1992), 2024년 10월

평택 이충주공4단지(1990), 2021년 4월

포항 두호주공3차(1989), 2024년 11월

수원 우만주공1단지(1988), 2024년 11월

구미 형곡주공3차(1988), 2024년 11월

충주 남산주공 연립(1984), 2021년 5월

5층이 아닌 주공아파트들

오래전 충북 충주시 교현동에 남산주공 1, 2, 3단지가 있다고 해서 가본 적이 있다. 별 사전 정보 없이 방문했는데, 그곳에서 주공 마크를 단 단층의 단독주택 단지를 발견하였다. 주공 마크 아래에 213동, 220동 이렇게 동 표시도 되어 있었다. 나무 가지치기를 하시던 할머니에게 여쭈어보니 이곳도 남산주공이라고 하시며 관리사무소에 일정의 관리비도 지불한다고 하셨다. 서울에서는 전혀 본 적이 없는 주공 마크를 단 단독주택 단지라 너무 신기했다.

이 책을 쓰기 위해 전국에 있는 저층 주공아파트 단지를 방문하다 보니 꽤 여러 곳에 5층의 아파트가 아닌 단층의 단독주택 혹은 2~3층의 연립주택 단지를 대한주택공사에서 만들었다는 사실을 알게 되었다.

이런 연립주택이나 단독주택 단지는 저층으로 지어져, 한 세대가 깔고 앉은 대지 지분이 무척 크다. 그러다 보니 재건축 사업성이 무척 양호하여 많은 단지가 이미 재건축이 되어 사라졌다.

25년 현재 1~3층의 저층 주택이 남아 있는 주공 단지로는 과천 주공 10단지, 인천 만수주공3단지, 충주 남산주공 연립, 경주 성건주공, 조치원 신흥주공, 상주 냉림주공, 동해 북평주공 연립, 부여 동남주공, 춘천 후평주공4단지 등이 있다.

수도권 및 대도시의 저층 주공 연립주택 단지들이 대부분 사라진 것과 달리, 글의 서두에 언급한 충주 남산주공 연립처럼 지방 소도시에는 주공의 연립주택 단지들이 아직 남아 있다. 아무래도 소도시는 인구가 적고 아파트 값이 비싸지 않다 보니 재건축이 추진되기 어려운 게 그 이유일 것이다. 이번 장에서는 주공에서 만든 단독주택 혹은 연립주택 단지들의 다양한 모습을 담아 보았다. 관련 자료가 귀하기에 재건축으로 이미 사라진 단지들의 모습도 일부 포함시켰다.

1983년 7월 25일 경향신문에 실린 대한주택공사의 분양 공고. 주공아파트와 연립주택을 동시에 분양하고 있다.

천안 신부주공2단지(1985), 현 천안 신부디이스트(2018), 2015년 2월

사진 제공 – 네이버블로그 세딸아들원

경주 성건주공 연립(1984), 2024년 11월

조치원 신흥주공 연립(1984), 2024년 10월

광명 철산주공8단지(1985), 현 철산자이헤리티지(2025), 2020년 4월

사진 제공 - 황동헌

과천 주공10단지(1984), 2024년 11월

상주 냉림주공1단지(1984), 2024년 11월

인천 만수주공3단지(1986), 2024년 11월

부여 동남주공(1986), 2024년 11월

춘천 후평주공4단지(1985), 2024년 10월

동해 북평주공 연립(1986), 2024년 10월

안산 중앙주공5단지(1986), 2024년 11월

아파트 도색

오래된 아파트를 방문하다 보면 몇 가지 느껴지는 공통점이 있는데 그중 하나는 단연 다양한 외벽 색이다.

재건축이 확정되어 곧 철거될 예정이라면 모르지만, 그렇지 않은 경우 낡은 아파트를 돋보이게 하는 가장 쉬운 방법은 새로 외벽 색을 칠하는 것이다. 지나온 세월과 상관없이 새로 도색을 한 주공아파트는 매우 잘 관리되는 듯한 인상을 준다.

또 하나의 재미난 점은 최근 지어진 무채색 위주의 콘크리트 건물에서는 보기 힘든 다양한 톤의 외벽색이다. 가장 흔한 색은 핑크 계열이다. 진한 핑크, 파스텔 톤의 연한 핑크 등을 메인 컬러로 하고, 하얀색, 하늘색, 노란색 등 대비되는 컬러를 선정해 주로 보색 대비를 하는 방식으로 외벽 색이 칠해져 있다. 핑크 외에도 그린 계열, 블루 계열 등 주공아파트의 다채로운 도색을 이번 장에서 감상할 수 있다.

여수 둔덕주공(1984), 2024년 11월

양산 범어주공3단지(1990), 2024년 11월

영주 영주동주공(1984), 2024년 10월

천안 성정주공5단지(1988), 2024년 11월

광주 우산주공1단지(1989), 2024년 11월

통영 충무봉평주공(1990), 2024년 11월

제천 청전주공(1980), 2024년 10월

주문진 교항주공1단지(1982), 2024년 10월

오산 가수주공(1990), 2024년 11월

거제 고현주공(1982), 2021년 4월

단양 신단양주공(1985), 2024년 10월

부산 개금주공1단지(1987), 2024년 11월

안동 태화아파트(1978), 2024년 11월

칠곡 왜관주공(1986), 2024년 11월

진해 석동주공(1991), 2024년 11월

평택 서정주공3차(1988), 2024년 11월

대구 달성군 현풍주공(1985), 2024년 11월

청주 모충주공1단지(1985), 2024년 10월

강릉 포남주공1단지(1981), 2024년 9월

아산 온양용화주공(1983), 2024년 11월

단양 신단양주공(1985), 2024년 10월

울퉁불퉁 다각형 베란다

전국의 저층 주공아파트를 구경하다 보니 일부 단지의 특색 있는 베란다 모습에 눈길이 갔다. 어떤 이유에서인지 베란다 바닥 모양이 울퉁불퉁 다각형으로 되어 있다. 직선으로 하는 게 만들기 훨씬 편할 것인데 왜 이런 모양으로 한 것일까. 베란다 바닥이 다각형이다 보니, 샷시도 이에 맞추어 가로가 좁은 여러 장의 창으로 분할 되어 만들어졌다.

세월이 흘러 리모델링을 한 세대의 경우, 베란다 샷시를 교체할 때 위 사항과 관련하여 고민이 깊었을 것 같다. 왼쪽 페이지의 신단양주공 세대들의 베란다를 보면 샷시 모양이 제각각 임을 알 수 있다. 기존의 다각형 모양을 그대로 살려 휙색의 샷시만으로 교체한 세대가 있는 반면, 어떤 세대는 울퉁불퉁한 다각형을 무시하고 일자형의 분할된 샷시로 단순화시킨 샷시를 선택해 교체하였다.

1980년대 아파트를 지을 당시 어떤 목적에서 베란다를 이런 식으로 만들었는지 궁금해 다방면으로 검색해 보았는데 그 단서를 찾기는 어려웠다. 다만 일자형의 베란다보다는 고풍스러운 매력을 지니고 있는 건 확실해 보인다. 이번 장에서는 이런 다각형 베란다를 지닌 주공아파트들의 모습을 모아 보았다.

천안 다가주공4단지(1986), 현 천안 극동스타클래스 더퍼스트(2024), 2020년 10월

경주 황성주공1차(1986), 2024년 11월

안산 중앙주공5단지(1986), 2024년 11월

대전 신대주공(1987), 2024년 10월

서울 반포주공1단지(1986), 2018년

사진 출처 - 서울역사박물관

나무들

규모가 큰 주공아파트 단지를 둘러보다 보면 마치 공원을 산책하는 듯한 기분이 들곤 한다. 성냥갑처럼 만들어진 가로로 긴 동들이 넓은 동 간 간격을 두고 배치되다 보니, 일조량이 풍부해 그 사이에 자리 잡은 나무들이 풍성하게 자라곤 하는 것이다. 5층의 아파트 건물의 키를 훌쩍 넘어서까지 자라는 나무들을 목격하는 것도 꽤 흔한 일이다.

봄에는 벚꽃이, 여름에는 푸르른 녹음이, 가을에는 노랗고 붉게 물든 단풍이 단지를 가득 메운다. 그러면서 그곳에 살던 이들의 마음 속에는 주공아파트 나무와 관련된 따뜻한 추억이 반드시 하나둘 자리 잡곤 한다.

하지만 재건축이 되면서 이런 고마운 나무들은 조합 입장에서는 애물단지가 된다. 수십 년간 자란 나무들이 아까우니 재건축 이후에도 그 단지 내에 그대로 옮겨 심으면 되지 않나 하고 생각하지만 그리 쉬운 일이 아니다. 일단 나무들을 공사 기간 동안 다른 곳에 옮겨 심었다 다시 심어야 하는데 그 비용이 많이 들어서, 차라리 새 나무를 심는 게 더 저렴하다고 한다. 또한 설사 옮겨 심었다 한들, 오랜 기간 크게 자란 거목들의 경우는 생존할 확률이 극히 낮다고 한다. 이런 이유들로 인해 실제 재건축 현장에서는 단지 내 나무들은 대부분 베어지는 게 안타까운 현실이다.

    이번 장에서는 전국 저층 주공아파트 단지 내 나무들의 다양한 모습을 담았다.

과천주공10단지(1984), 2024년 11월

서울 반포주공1단지(1986), 2020년 4월

전주 효자주공3단지(1984), 2024년 4월

광양 칠성주공2단지(1987), 2024년 11월

원주 단계주공(1984), 2024년 10월

익산 영등주공2단지(1986), 2024년 10월

군산 나운주공3차(1984), 2024년 11월

과천 주공9단지(1982), 2024년 10월

군산 나운주공3차(1983), 2021년 4월

아파트 현판

요즘 새로 짓는 아파트는 아파트 입구에 아파트 이름을 넣은 문주를 세울 때 화려하게 조명까지 넣는 등 꽤나 공을 들인다고 한다. 이 문주가 아파트를 들어설 때의 첫 인상인 만큼 다소 비용을 들이더라도 멋진 문주를 달아야 아파트 가치가 올라간다고 믿기 때문이다.

신축 아파트의 문주만큼이나 화려하진 않지만, 전국의 오래된 주공아파트 단지 입구 한쪽에 보면 황동에 주물 방식으로 새겨진 현판이 있다. 단지 별로 현관의 재질 및 색상은 상이하나 가운데 대한주택공사의 마크가 있고 아래에는 대한주택공사, 위에는 단지 이름이 새겨져 있다.

하나의 단지가 수십 년간 존재하다가 재건축이 되어 사라질 때 단지를 상징하던 그 현판은 어디로 가는 것일까. 단순히 재활용이 가능한 쇳조각이라 하기에는 단지의 상징물이기에 그 누구도 차마 버리지는 못할 것 같다. 24년 말 서울역사박물관에서 열린 기증 유물 전시에 갔을 때 과천주공4단지 재건축 조합이 기증한 관리사무소 표시 나무 팻말과 아파트 입구에 있었을 현판을 발견하고 잠시 생각에 잠긴 적이 있다.

그 단자에 살았던 수많은 사람들에게 마음의 이정표가 되었을 주공 아파트 현판. 이 장에서는 저층 주공아파트들의 다양한 현판 모습을 모아 보았다.

서울역사박물관 기증 유물 특별 전시전 〈나의 보물, 나의 유산〉 중, 2024년 11월

사진 출처 - 서울주택도시공사 블로그

원주 단계주공(1984), 2024년 10월

인천 만수주공1단지(1985), 2024년 11월

주문진 교항주공1단지(1982), 2024년 10월

정선 무릉아파트(1986), 2024년 11월

칠곡 왜관주공1단지(1986), 2024년 11월

영주 휴천주공(1980), 2024년 10월

양산 물금 범어주공3단지(1990), 2024년 11월

서산 동문주공(1988), 2024년 10월

제주 이도주공2단지(1983), 2021년 12월

서울 개포주공3, 4단지(1983)
현 개포 디에이치아너힐스(2019)와 개포 자이프레지던스(2023년), 2016년 4월

사진 제공 – 사소한 날들, 조그만 시선@sasohan.sisun

단지 안내도

전국에 현존하는 70~80년대 지어진 저층 주공아파트 단지들을 조사해 보니 가장 작은 단지는 150여 세대, 가장 큰 단지는 1,200여 세대로 오늘날의 대단지 아파트에 비하면 그 규모가 작게 느껴진다. 그러나 오늘날의 고층아파트로 구성된 단지와 달리, 저층 주공아파트 단지는 건물이 낮게 지어지다 보니 부지 전체의 면적이 꽤 큰 경우가 많다. 그러다 보니 주공아파트 입구에는 단지 내 동 배치를 한 눈에 알아볼 수 있게 단지 안내도를 그려 둔 곳들이 많다.

전국의 주공아파트 단지를 다니다 보니 이 단지 안내도 역시 무척이나 다양한 모습을 갖고 있어 재미있게 느껴졌다. 사각형으로 아주 단순화시켜 동을 표기한 곳이 있는 반면, 나름의 창의성을 발휘하여 멋드러진 상징으로 동을 그려 놓은 곳도 있었다.

동들의 배치는 남향을 선호하다 보니 메인 베란다 측이 남쪽을 향하는 형태로 여러 동이 평행을 이루어 나열된 양상이 대부분이었다. 이번 장에서는 주공아파트 별로 각기 다른 양식으로 그려진 단지 안내도를 한데 모아 보았다.

전주 효자주공3단지(1984), 2024년 7월

동해 북평주공 연립(1986), 2024년 10월

조치원 신흥주공 연립(1984), 2024년 10월

구미 공단주공3차(1984), 2024년 11월

진주 이현주공(1983), 2024년 9월

태백 동점아파트(1936), 2024년 10월

여수 국동주공2단지(1981), 2024년 10월

청주 봉명주공2단지(1989), 2021년 3월

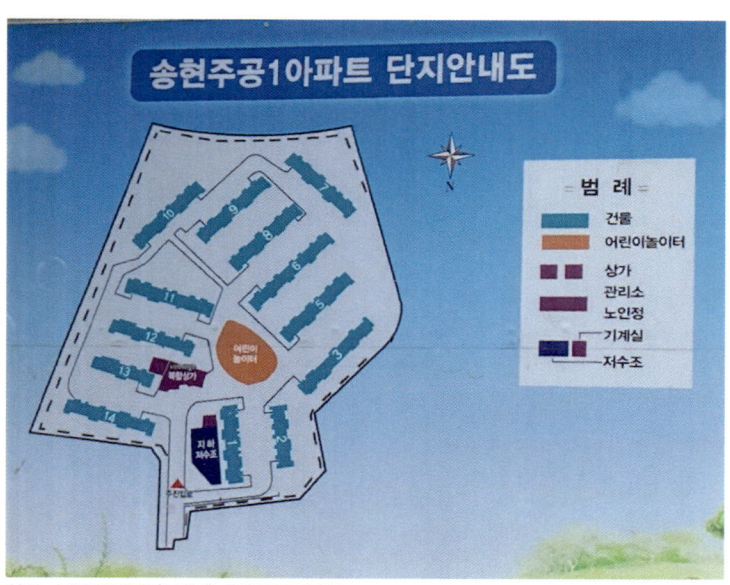

안동 송현주공1차(1984), 2024년 11월

인천 만수주공1단지(1985), 2024년 11월

청주 운천주공(1986), 2021년 10월

과천 주공7단지(1986), 현 과천 센트럴파크푸르지오써밋(2017), 2014년 9월

사진 제공 - 최광모

놀이터

오늘날 전국의 저층 주공아파트를 방문해 보면 거주민은 그곳에 오래 전부터 거주하시던 노년층이 대부분이고, 어린 아이는 잘 눈에 띄지 않는다. 그래서 단지 내에 있는 아파트 놀이터도 대부분 텅 비어 있다.

하지만 주공아파트가 주로 지어지던 1970~80년대는 한국의 고도 성장기이자 인구 팽창기로 어린 시절 주공아파트에 살던 경험이 있는 이에게 아파트 공간의 놀이터는 늘 마음속 한 켠을 차지하고 있는 추억의 공간이다.

어떤 아파트의 놀이터는 최신식의 놀이터 시설로 통으로 바뀐 곳도 있고, 어떤 곳은 수십 년 전의 놀이기구 그대로의 모습을 지닌 곳도 있었다. 이번 장에서는 바라보는 것만으로도 마음 따뜻해지는 주공아파트 내 놀이터 모습들을 담아 보았다.

마산 월영주공(1985), 현 마산 월영SK오션뷰(2017), 2018년 1월

사진 제공- 네이버 블로그 벌꾹

서울 상계주공5단지(1987), 2024년 3월

서울 한강맨션(1971), 2020년 4월

원주 단계주공(1984), 2024년 10월

대전 신대주공(1987), 2024년 10월

대전 가오주공(1985), 2024년 10월

경주 성건주공(1980), 2024년 11월

문경 흥덕주공(1983), 2024년 11월

진주 이현주공(1983), 2024년 9월

진주 이현주공(1983), 2024년 9월

우편함

오래된 연립주택이나 아파트를 방문할 때 개인적으로 눈여겨보곤 하는 곳 중 하나가 우편함이다. 오늘날 대부분의 아파트나 빌라에서 우리가 흔히 보는 규격화된 철제 우편함과 달리 맨션이나 연립주택 등 소규모의 오래된 공동주택들은 소재나 디자인  면에서 매우 다양한 우편함을 갖고 있기 때문이다.

전국의 저층 주공아파트 단지를 가 보니, 앞서 소개한 주공아파트 현판처럼 모든 단지가 비슷한 디자인의 우편함을 갖고 있었다. 그런데 재미난 점은 아파트 현판처럼 모양은 비슷하나 단지 별로 색상이 달랐다. 또한 아파트 외벽 색의 경우와 유사하게 우편함 역시 대부분 파스텔 색을 사용하였다는 점이 흥미로웠다. 이번 장에서는 전국 주공아파트들의 1층 현관에 있는 우편함들을 모아 보았다.

강릉 포남주공1단지(1981), 2024년 9월

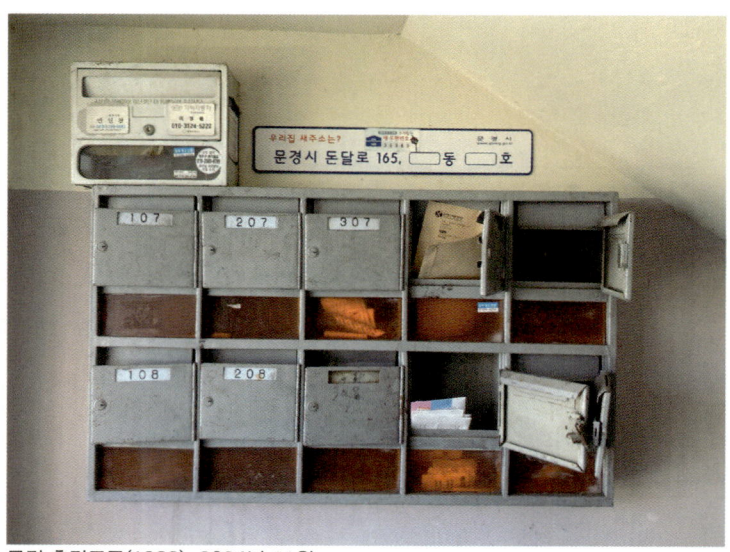
문경 흥덕주공(1983), 2024년 11월

동해 천곡주공2차(1984), 2024년 10월

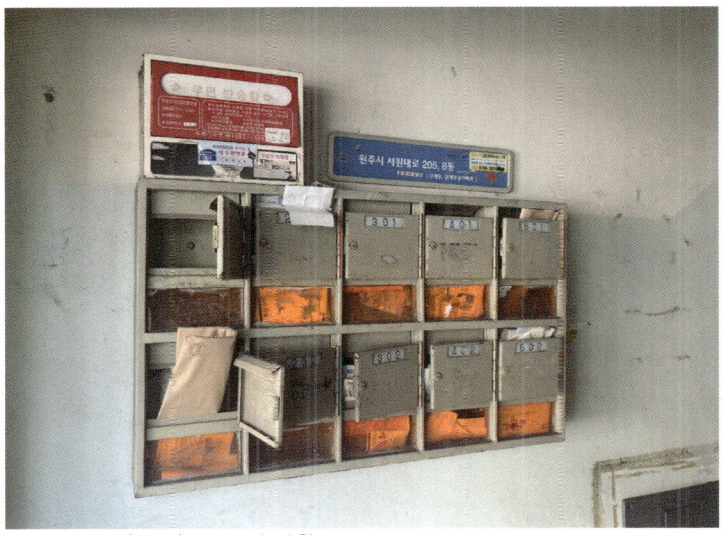

원주 단계주공(1984), 2024년 10월

주문진 교향주공1단지(1982), 2024년 10월

대전 가오주공(1985), 2024년 11월

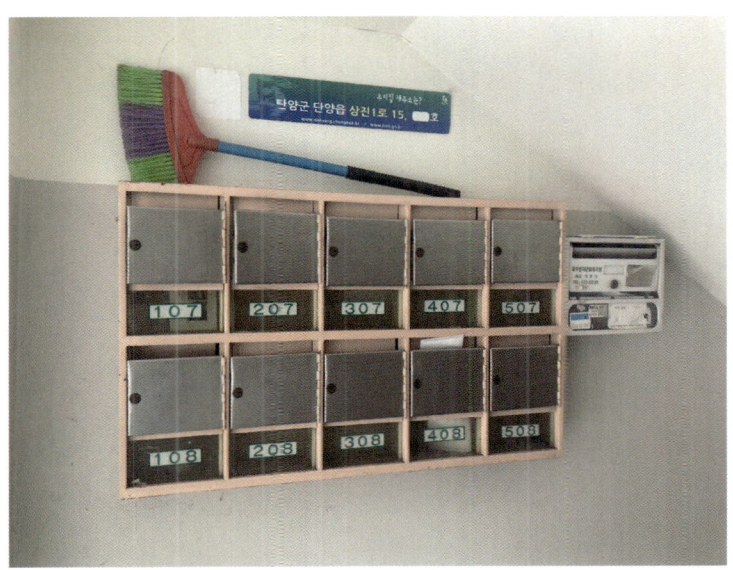

단양 신단양주공(1985), 2024년 10월

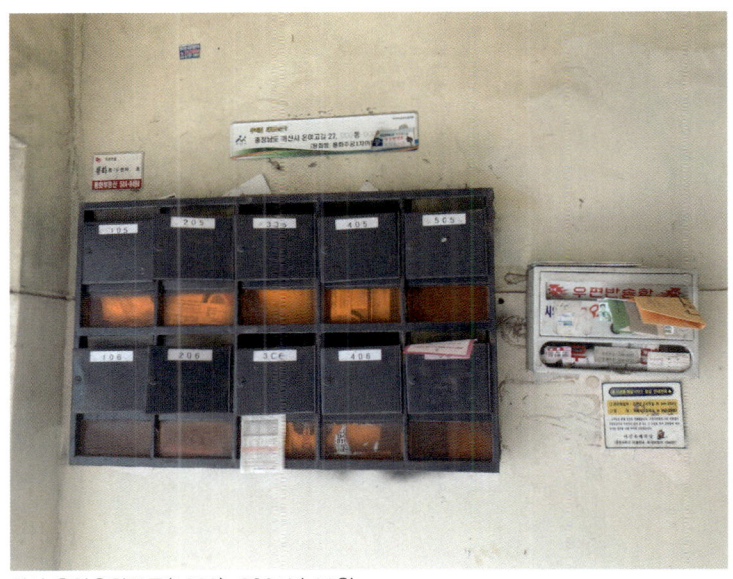

아산 온양용화주공(1983), 2024년 11월

진해 석동주공(1991), 2024년 11월

고가수조 타워

주공아파트 단지를 돌다 신기한 구조물과 마주하였다. 거대한 버섯 모양의 타워인데, 비슷한 구조물을 전국의 다른 주공 단지에서도 몇 번 더 보았다. 이것은 무엇일까?

검색해 보니 '고가수조 타워'라는 것이었다. 이 '고가수조 타워'는 중앙 난방 시스템을 갖춘 아파트에서 필요로 하는 굴뚝과는 다른 것이었다.

오래된 아파트 단지 안에 있는 키가 무척이나 큰 굴뚝은 단지 전체의 난방을 책임지는 거대 보일러의 연기를 빼내는 연통 같은 역할을 한다. 반면에 이 고가수조 타워는 각

서울 상계주공 4단지의 굴뚝

동에 물을 공급하기 위한 시설이었다. 고가수조 타워에 펌프로 물을 끌어 올려 저장했다가 중력 차이를 이용하여 수압이 충분하게 개별 건물 동에 물을 공급하는 급수 방식이 고가수조 방식이라고 한다. 그러니까 타워 위 팽이 혹은 UFO 같은 구조물은 물을 보관하는 수조였다. 누군가는 타워 위 구조물을 보고 영화 '스타워즈' 속에 등장하는 납작한 우주선인 '밀레니엄 팔콘' 같다 표현하였는데 고개가 끄덕여졌다.

이런 고가수조 타워는 1990년대 이후에는 수돗물을 저수조 없이 각 세대로 바로 공급하는 직수 공급 방식이 도입되면서 더 이상 만들어지지 않게 되었다. 이번 장에서는 여러 주공 단지에서 마주한 고가수조 타워들의 모습을 담아 보았다.

천안 성정주공6단지(1989), 2020년 10월

평택 합정주공4단지(1992), 2020년 11월

서울 상계주공5단지(1987), 2024년 3월

충주 연수주공1단지(1990), 2022년 3월

서귀포 화북주공1차(1998), 2021년 12월

강릉 포남주공1차(1981), 2024년 9월

장독대

'장독'은 간장, 된장, 고추장 등을 오래 저장하기 위해 담아 두는 독을 말한다. 그리고 이들을 모아둔 곳이 장독대이다. 전통 주택에서 마당에 있었던 장독대는 한때 그 집안의 살림살이 규모를 과시하는 수단이기도 했지만, 도시화가 진행되고 주택 규모가 작아지면서 이 장독대를 어디에 둘 것인가가 늘 논쟁거리였다. 해방 이후 지어진 작은 단독주택의 경우 지하실이나 지붕 위에 장독대를 두는 경우도 있었다고 한다.

60년대 후반 이후 아파트라는 낯선 방식의 공동 주택이 도시에 보급되면서 이 장독대 설치 문제는 여전히 고민거리였다. 1970년대 서울 지역의 아파트를 대상으로 하여 이루어진 한 조사 결과를 보면 대부분 발코니를 장독대로 사용하고 있었고, 부엌에 두거나 마루(거실)나 심지어 침실에 두는 경우도 더러 있었다고 한다.[1]

---

1 '1970년대 조사된 서울지역 아파트 유형별 장독 보유 현황', 출처: 대한주택공사, 《주택》 12권 1호, 1971. - 박철수, 『박철수의 거주 박물지』(2017), 서울: 도서출판 집, 99쪽에서 재인용.

1970년대 이후 지어진 전국 저층 주공아파트들의 경우 아파트 각 호수의 평형이 대부분 12, 13, 15, 17평형 정도의 소형 주택이다. 베란다 역시 아주 넓지 않을 것이다. 그래서인지 전국의 저층 주공 아파트에서 장독을 세대 내 개별 공간이 아닌 공용 공간에 두는 모습이 많이 목격되었다. 각 라인의 아파트 입구의 지붕에 해당하는, 즉 1층과 2층 계단 사이에 있는 창문 바깥 공간에 장독을 두는가 하면, 1층 입구 옆의 화단 공간에 개별 장독대 공간을 설치해 둔 세대도 있었다. 이번 장에서는 지금의 서울 도심에서는 보기 힘든 주공아파트 장독대 공간의 다양한 모습을 모아 보았다.

제천 하소주공1차(1989), 2024년 10월

문경 흥덕주공(1983), 2024년 11월

정선 무릉주공(1992), 2024년 10월

정선 무릉주공(1992), 2024년 10월

문경 흥덕주공(1983), 2024년 11월

주공부동산컨설팅 – 전주 효자주공3단지(1984), 2024년 7월

주공아파트 상가

1970년대 이후 전국에 생겨난 저층 주공아파트 단지의 단지 당 세대수는 대략 100여 세대로 단촐한 경우도 있지만 700~1,000세대 규모의 대단지도 제법 있었다. 세대 수가 많다 보니 단지 한 가운데 이른바 '단지 내 상가' 건물을 갖춘 곳도 제법 된다. 단지 내 상가에는 주로 슈퍼, 세탁소, 학원, 부동산 등의 시설이 들어와 있다.

여러 곳의 주공아파트 단지를 다니다 발견한 재미난 점 중 하나가 주공아파트 입구에 있는 상가의 경우 가게 상호를 '주공 ○○'으로 지은 곳이 많다는 점이다. 주공 부동산, 주공 슈퍼, 주공 세탁소, 주공 이발소 외에도 주공 반점(중국집), 주공 면옥(냉면집)까지 있었다. 아파트에 이제는 젊은 사람들이 많이 거주하지 않아 현재의 주공아파트 상가는 쇠락한 곳이 많았지만, 이들 가게의 상호에서 한때 번성했던 주공아파트 상가들의 모습을 상상해 볼 수 있었다.

주공마트 – 진주 이현주공(1983), 2024년 9월

주공견옥 – 주문진 교항주공(1982), 2024년 10월

단계수퍼마켙 – 원주 단계주공(1984), 2020년 10월

주공반점 – 칠곡 왜관주공(1986), 2024년 11월

군산 나운주공3차(1983), 2021년 4월

과천 주공2단지(1982), 현 과천 위버필드(2021), 2014년 9월

사진 제공 - 최광모

반포주공1단지 3주구(1982년)에 있었던 슈퍼 '동아상회'가 이주하며 주민들에게 남긴 인사, 2021년 12월

사진 제공 – 강재민

반포주공1단지(1973), 2018년

사진 출처 – 서울역사박물관

아파트 단지 내 의자

《서울의 길거리 의자들》이란 책이 있다. 서울에 있는 다양한 모습의 의자들을 모은 사진집이다. 이 책에서는 작가가 수년간 서울의 다양한 지역을 다니며 수집한 거리에 나와 있는 의자들의 모습 및 관련 사연들을 간략히 다루고 있다. 이 책의 저자처럼 필자도 전국의 주공아파트 단지 여러 곳  을 돌다 보니 아파트 단지 내 바깥에 나와 있는 의자들의 모습이 하나둘 눈에 들어오기 시작했다.

나무 그늘 아래 만들어진 휴식을 취할 인공 의자, 동네 주민들의 사랑방이 되곤 하는 정자, 일상에서 잠깐 햇볕을 쬐실 어르신들을 위한 각 라인 입구에 놓인 한두 개의 의자까지. 이번 장에서는 주공 아파트 단지 내에서 발견한 의자들의 재미난 모습을 담았다.

양산 불금범어주공3단지(1990), 2024년 11월

안산 중앙주공5단지(1986), 2024년 10월

마산 월영주공1단지(1971), 현 마산 월영SK오션뷰(2017), 2018년 1월

사진 제공 - 네이버 블로그 벌떡

수원 우만주공1차(1988), 2024년 11월

진주 이현주공(1983), 2024년 9월

양산 불금범어주공3단지(1990), 2024년 11월

춘천 후평주공4단지(1985), 2020년 9월

진해 경화주공(1986), 2024년 10월

진주 상대주공(1980), 2024년 11월

과천 주공7단지(1982), 현 과천 래미안센트럴스위트(2018), 2015년 6월

사진 제공 – 최광모

아파트 입구

 이번 장은 넣을지 말지 좀 고민이 되었다. 주공아파트에 대한 별다른 사연이 없는 그저 개인의 페티시즘이 아닐지 잠시 고민이 되기도 하였지만 필자가 느낀 이 느낌에 누군가 공감해 주면 그걸로 족하다는 생각에 넣기로 한다.

 전국의 오래된 주공아파트의 아파트 입구 사진을 찍다 보니, 사각형 프레임에 담긴 사각형의 입구 모습이 주변 나무와 파스텔 톤으로 칠해진 아파트 외벽 색과 어우러져 귀엽고도 고풍스러운 예쁜 느낌을 주었다.

 주로 알루미늄으로 만들어진 아파트의 입구 문 안쪽에는 바로 2층으로 연결되는 계단이 있기도 하고, 중간에 한번 완충지대가 있고 2층으로 이어지는 계단이 있기도 하다. 입구 위, 1층과 2층 사이에 놓인 1층 입구의 지붕에 해당하는 공간에는 에어컨 실외기가 놓여 있기도 하고, 도시가스 계량기가 열을 맞추어서 모여 있기도 한다. 이번 장에서는 저층 주공아파트 동의 다양한 입구 모습을 담았다.

서울 반포주공1단지(1973), 2018년

사진 출처 - 서울역사박물관

안산 중앙주공5단지(1982), 2024년 11월

양산 물금범어주공3단지(1990), 2024년 11월

영월 하송주공2차(1992), 2024년 11월

경주 성건주공(1980), 2024년 10월

정선 무릉주공(1992), 2024년 11월

정선 사북주공(1984), 2024년 11월

과천 주공10단지 연립(1984), 2024년 9월

인천 만수주공3단지 연립(1986), 2024년 10월

아파트 내부

아파트 내부 모습을 담을 자에 대해 다소 고민하였다. 수십 년 전의 모습 그대로 사는 사람들보다는 세월이 흐르면서 많은 이들이 내부를 요즘 방식으로 이른바 '올수리'를 해 살고 있어서 내부만 보면 주공아파트인지 여느 신식 빌라인지 잘 구분이 되지 않기 때문이다.

다만 주로 10평형 대의 소형 아파트이다 보니, 요즘에는 보기 드문 방과 주방을 구분 지어 주는 미닫이 문이 있기도 하고, 벽 한편에 창고 용도로 쓰이는 벽장이 짜여 있기도 하다. 아주 원형의 모습은 아니지만 '올수리'를 앞둔 한 소형 주공아파트의 내부 사진을 소개한다. 베란다, 방1, 화장실1, 방과 주방 사이를 구분 짓는 식당 겸 거실 공간이 있는 전형적인 13평 혹은 16평 정도의 주공아파트이다.

첨부한 사진들은 지방 도시의 한 주공아파트 단지에서 영업 하시는 인테리어 업체 사장님이 수리 전 촬영한 사진들을 제공해 주신 것이다. 사진 촬영은 2020년 12월에 이루어졌다.

대문

현관

아파트 현관을 들어서면 보이는 모습. 왼편의 미닫이 문 뒤쪽이 방이고 정면에 닫혀진 문은 창고 문, 오른편 열린 문은 화장실 쪽이다. 사진에서는 보이지 않지만 오른편 벽 뒤쪽에 싱크대가 놓여 있다.

화장실

주방, 뒷 베란다로 통하는 둔 쪽에 간이 여닫이 문이 설치됨

안방, 안방에서 주방 쪽을 촬영

앞 베란다

뒷 베란다 실에 설치된 보일러

2부
주공아파트의 운명

2부 '주공아파트의 운명' 편에서는 오래된 저층 주공아파트들이 맞닥뜨린 현실을 이야기한다. 어떤 단지는 재건축이 되어 이미 사라졌고 나머지는 여전히 이전 모습 그대로 남아 있다.

개포주공4단지(1982), 현 개포자이프레지던스(2023), 2000년

사진 출처 – 서울연구데이터베이스

그 많던 주공들은 다 어디로 갔을까

필자가 이 책을 만들기 위해 전국에 남아 있는 저층 주공아파트 단지의 수를 세어 보니 일부 누락된 단지가 있을 수는 있으나 143개였다. 그런데 리스트를 만들다 보니 흥미로운 점을 발견하였다. 대도시일수록 저층 주공아파트는 이제 거의 남아 있지 않다는 점이다. 부산이나 대구, 광주의 경우는 이제 한두 개의 단지 밖에 남아 있지 않았다.

서울에서는 1973년 반포주공을 시작으로 75~78년 잠실주공, 이어 80년대에 개포주공, 둔촌주공, 고덕주공 등 대단위 저층 주공아파트 단지를 많이 개발하였다. 서울의 경우도 재건축이 진행 중인 일부 단지를 제외하고는 저층 주공아파트들은 대부분 재건축이 완료되어 이제는 엄청난 규모의 신축 대단지 아파트로 변모하였다.

지방 대도시도 사정은 비슷하여 대도시의 저층 주공아파트 단지는 대부분 신축 아파트 단지로 변하였다. 대도시일수록 아파트 값이 비싸고 수요층이 두텁기에 재건축의 사업성이 확실히 보장되어 빠르게 사업이 진척되었기 때문이다. 반면 지방 소도시의 주공아파트의 경우는 인구 감소 및 건축비의 상승으로 사업성이 잘 나오지 않는다. 그러다 보니 소도시일수록 오래된 저층 주공아파트가 안전성의 문제 등이 우려됨에도 불구하고 그 모습 그대로 아직 남아 있었다.

물론 소도시에서도 그 지역민들이 특별히 선호하는 입지에 있거나, 대지 지분이 무척 큰 대단지의 경우는 재건축 사업이 꾸준히 진행 중이다.

주공아파트 단지를 다니다 보니 주민들의 재건축에 대한 염원을 단지에 걸린 현수막에서 볼 수 있었다. 재건축의 시작 단계인 안전진단 통과를 기뻐하기도 하고, 층수 제한 완화 소식을 알리기도 한다. 또한 사업시행인가, 관리처분인가 등 사업이 한 단계 더 진척될 때마다 그 소식을 서로 전하고 격려한다. 막바지 단계는 이주 및 철거이다. 이번 장에서는 여러 단지들을 다니며 목도한 재건축 관련 현수막들을 재건축 사업의 진행 순으로 담아 보았다.

창원 반송주공(1978), 현 창원 트리비앙(2006)과 노블파크(2007), 2001년

사진 출처 - 월간경남

〈재건축 진행 단계〉

- 정비 기본 계획
- 안전 진단
- 정비 구역 지정
- 추진위원회 승인
- 조합 설립 인가
- 시공사 선정
- 사업시행인가
- 종전 자산 평가
- 조합원 분양 신청
- 관리처분인가
- 이주 철거

정비계획 수립 – 군산 산북주공(1989), 2024년 11월

정비계획 수립 – 수원 우만주공(1988), 2024년 11월

안전진단 통과 – 상주 냉림주공(1984), 2024년 11월

안전진단 통과 – 청주 산남주공1단지(1990), 2024년 11월

정비계획 심의 통과 – 안산 군자주공9단지(1989), 2024년 11월

건축심의 통과 – 서울 한강맨션(1971), 2019년 9월

시공사 선정 – 제천 하소주공1단지(1989), 2024년 10월

시공사 선정 – 서울 상계주공5단지(1987), 2024년 3월

사업시행계획인가 – 원주 원동주공(1987), 2024년 11월

종전자산평가 – 창원 내2구역, 2024년 9월

조합원 분양신청 – 안동 송현주공1단지(1984), 2024년 11월

관리처분계획인가 – 안산 중앙주공5단지(1986), 2024년 10월

관리처분계획인가 - 서울 반포주공1단지(1973), 2018년

사진 출처 - 서울역사박물관

이주 개시 - 익산 영등주공1단지(1984), 2024년 11월

이주 개시 - 동두천 생연주공(1980), 2021년 3월

철거 - 진주 이현주공(1983), 2024년 9월

철거 – 진주 이현주공(1983), 2024년 9월

철거 – 청주 운천주공(1986), 2024년 8월

사진 제공 – 블로그 햄찌와 도토리

철거 – 광명 철산주공11단지(1983), 현 철산자이브리에르(2026년), 2021년 9월

사진 제공 – 황동현

3부
주공아파트에 대한 기억들

3부 '기억들' 편에서는 주공아파트에 한때 살았던 이들이 간직하고 있는 기억의 파편들을 모아 보았다.

주공아파트는 유년 시절 나에게 있어 거대한 미지의 세계이자, 똑같이 생긴 건물이 계속되어 배치되었기 때문에 어느 길로 가도 안심을 주는 곳이었던 것 같다 - 무명씨

나의 살던 주공은

태어난 곳이 아파트이고, 아파트에서 청소년 시절을 보낸, 이른바 '아파트 키즈'들에게 있어서 고향은 자신이 태어난 그 아파트 단지이다. 고향이 타 지역에 있곤 하는 부모님들과 다르게, 아파트 키즈들에게 아파트 재건축은 고향이 없어진 것 같은 마음의 상실감을 주기도 한다. 그래서 그들은 그곳의 추억을 기록으로 남기고 이를 공유하는 작업을 하곤 하였다. 서울 강동구 둔촌주공을 기억하던 '안녕, 둔촌주공' 프로젝트가 있었고, 개포주공을 기억하는 '개포동 그곳' 프로젝트도 있었다.

전국의 저층 주공아파트를 게시한 필자의 SNS에 댓글을 다는 사람들은 위 아파트 키즈들과 비슷한 심상을 지닌 이들이 많았다. 재건축이 되어 사라진 곳을 그리워하기도 하고, 어린 시절 살았던 아파트가 그대로 남아 있는 것을 보고 반가워하는 이들도 있었다.

이 책을 기획하면서 주공아파트에 대한 사연을 SNS상에서 모집해 보았다. 이번 장에서는 그 따스한 추억을 전해주신 몇몇 분의 스토리를 공유하고자 한다.

서울 고덕주공6단지 (1983년)
현 상일동 고덕자이 (2021년)
블로그 desertis 제공

내가 살던 그곳은

작고 빨간 지붕이 있는 5층짜리 아파트가
몇백 개쯤 있었고
안경을 쓴 친구, 쓰지 않은 친구처럼
친구들을 크게 구역별로
2단지, 3단지, 4단지, 5단지, 6단지, 7단지로 나누곤 했다.
학교가 끝나면
문고리에 가방과 실내화 가방을 걸어놓고
놀이터로 뛰어나가
장난감 그릇으로 땅을 파서
어디까지 깊게 팔 수 있는지 같은
이상한 경쟁을 했다.
그러다가 어둑어둑한 저녁 무렵이 되면
바람 끝에 매달린
해질 녘 공기의 냄새와 밥 짓는 냄새가
기분이 좋아 크게 들이마셨고
어김없이 여기저기 창틈으로 얼굴을 내민
"○○야! 들어와서 저녁 먹어라!"
돌림노래처럼
곳곳에서 들려오는
엄마의 목소리에
친구들은 하나 둘
빨간 지붕 아래로 사라지곤 했다.

서울 고덕주공6단지(1983), 2012년

충주 용산주공1차(1981년)
현 한화포레나 충주 호암(2027년 예정)
블로그 도도새의 '걸어도 걸어도' 제공

14동 401호

16개 건물 중 14번째 건물, 5층 가운데 4층, 그리고 8개 호 중 첫 번째 호 14동 401호가 가리키는 의미는 용산 주공아파트에서 우리 가족이 어디에 있는지 알려주는 좌표였
©도도새

다. 그 좌표는 얼마 전까지 내 영혼이 안식을 취할 수 있는 유일한 좌표이기도 했다.

  집 주소에 숫자 4가 두 번이나 들어가기 때문에 나는 어렸을 적부터 4라는 숫자가 마음에 들었다. 4라는 숫자가 친근했기에 남들은 죽을 4자라고 거부감을 느끼는 순간에도 나는 숫자 4와 관련되면 '행운이 있겠지'하는 근거 없는 믿음을 가지며 지금까지 살아왔다.

  살아오면서 나는 14동 401호에 다다르기 위해 혹은 벗어나기 위해 얼마나 많은 계단을 오르내린 걸까? 지금 보면 참 낮은 높이의 계단이지만 한때는 높아 보이던 계단을 욕심 내 세 칸씩 오르며 흥분을 가라앉히지 못하던 순간도 있고, 계단 한 칸을 오르기가 죽기보다 싫은 적도 있다. 설렘으로 계단을 오르던 순간도 있었지만, 좌절과 부끄러움에 무거운 다리를 겨우 떼며 힘겹게 계단을 오르던 순간도 많았다. 언제나 세상에 상처받아 마음에 피가 흐르면 보이지 않는 상처를 안고 이곳으로 돌아와 지친 마음과 몸을 치유하고 다시 세상으로 나

가곤 했다. 사랑에 실패한 상처도, 믿었던 이들에게 받은 배신의 상처도, 혹은 내가 누군가에게 상처를 줬다는 자책도 모두 이곳은 받아줬고, 나를 치유해 주었다.

14동 401호는 비단 나만을 치유해 준 것은 아니었다. 서로 말은 하지 않더라도 부모님과 형제들 모두 혼자 감당해야 할 상처가 있었을 것이다. 그리고 그때마다 14동 401호는 내 가족의 상처를 치유해 줬겠지. 우리 가족이 지금까지 살아갈 수 있도록 함이 되어 준 이 작은 공간에 처음으로 고마운 마음을 전한다.

ⓒ도도새

ⓒ도도새

대전 탄방주공1차(1984년)
현 대전 이편한세상 둔산(2020년)
지송남 제공

엄마 그 나무 기억나?

어렸을 때 주공아파트에 살았다.
오랫동안 살았던 그 주공아파트는 사라지고
삐까뻔적한 새 아파트가 되었다고 해서
근처에 간 김에 구경을 갔다.

그런데 아파트 어린이 놀이터 옆에
그 은행나무가 있는 거다.
어릴 때 나무에 올라가 놀기도 하고
동네 할아버지가 나무 안에 구렁이 산다고 올라가지 말라 했던 그 나무.
나무 보고 울컥했다.

병원에 계시는 엄마에게 그 주공아파트 나무 사진을 보여주었다.
엄마 이 나무 기억나?
우리 그 아파트 살 때 이것도 하고 저것도 했잖아.
같은 동에 살던 그 사람들은 다 어디로 이사갔을까.
내가 다닌 유치원은 그대로일까?
아파트 앞 목욕탕 사장님은 어디로 가셨을까?

그 나무가 그 자리에 그대로 있어줘서
너무나 감사한 마음이 들었다.

사진 출처 - 대전광역시 서구청 블로그

사진 제공 - 임민지

사진 제공 - 임민지

안동 태화아파트(1978)
임민지 제공

어린 시절 나의 놀이터

저는 아기 때부터 태화아파트에 살다 6세 경 이사를 갔습니다. 그래도 30년 전인 4~5세 때 기억이 아주 뚜렷합니다. 당시 태화아파트 전 주민이 9동 아기이던 저를 모르면 간첩일 정도로 저는 인싸였습니다. 여자아이였지만 또래 친구들이 다 남자아이였고, 온 동네 언니 오빠네 집 가서 놀고 오고, 그 언니 오빠들 이름도 다 기억이 난답니다. 그 사람들이 다 보고 싶네요.

그리고 아파트 대장답게 놀이터에서 놀던 기억이 많이 납니다. 한날은 소독차가 왔는데 제가 놀래서 그네에서 떨어져 주변 어르신들이 너무 놀랐던 적도 있었고요. 비가 오면 홀딱 벗고 친구들이랑 놀이터 물이 고인 구덩이에서 수영을 한 적도 있었습니다.

세월이 흘러 학교 문제로 저는 20세에 안동을 떠났습니다. 그러다 다시 안동에 돌아오게 되었어요. 와 보니 나의 과거들이 생각나고, 특히 어린 시절 내가 살던 아파트가 아직 있다는 생각이 드니 마음 한쪽이 울컥했습니다. 무너지지 않았구나 하면서도 발전이 되었으면 좋았을 텐데 라는 생각도 들었습니다.

하루는 조카들과 어린 시절 제가 놀던 그 태화아파트 놀이터를 찾아가게 되었어요. 그런데 제 기억 속 모습과는 완전 다르게, 요즘의 아파트 시설로 변했더라구요. 어르신들과 대화하다가 "저 여기서 살았어요. 애네만 할 때 놀이터 바닥이 모래였는데" 하니 언제적 이야기냐 하시네요. 30년 전 저를 알고 계시는 분이 계시지 않을까요? 모두 잘 지내셨으면 좋겠습니다.

서울 개포주공4단지(1983), 현 서울 개포자이프레지던스(2023)
1988년 6월 3일 촬영

사진 제공 – 사소한 날들, 조그만 시선 @sasohan.sisun

서울 개포주공4단지(1982년)
현 서울 개포자이프레지던스(2023년)
인스타 계정_사소한 날들, 조그만 시선 제공 @sasohan.sisun

어느 아파트의 죽음

삐뚤빼뚤 열린 창문

오밀조밀 모인 장독대

향긋한 장미 덤불

까진 무릎으로

씩씩하게 자전거를 굴리는

세 살배기 아이의 웃음이

이미 소멸되어 버린

안쓰러운

우리 아파트를

가만히

안아준다.

서울 화곡주공시범아파트(1978년)
현 서울 화곡푸르지오(2002년)
최수희 제공

나의 살던 그 '마을'

고등학교 시절(1995년~1998년), 나는 화곡주공시범아파트의 2층짜리 연립주택에서 살았다. 그곳은 일반적인 아파트와 달리, 낮은 연립주택들이 길게 이어진 독특한 구조였고, 집집마다 작은 앞뜰과 뒤뜰이 자리하고 있었다. 지금으로 치면 '타운하우스'의 옛 모습이라고 할까. 특히 거실의 전면 유리를 통해 훤히 보이던 뒤뜰에는 잔디가 자랐고, 봄이 되면 하얀 꽃을 피우던 목련나무가 자리하고 있었다. 엄마는 그 목련나무를 무척 좋아하셨다.

나는 무엇보다 이 집이 '이층집'이라는 점이 좋았다. 1층에는 부모님이 쓰시는 방과 거실, 부엌이 있었고, 2층에는 나와 동생의 방이 하나씩 있었다. 부모님과 다른 층에서 지낸다는 것만으로도 묘한 해방감이 들었고, 나무로 된 계단을 밟고 2층으로 올라가는 것도 특별하게 느껴졌다.

이곳은 단지 자체가 꽤 넓은 편이었는데, 집들을 잇는 작은 길들이 미로처럼 얽혀 있었다. 그래서 오밀조밀 모여 있는 집들 사이를 걸어 다니는 재미도 있었고, 공기 좋고 조용하고 깨끗해, 아늑한 '마을' 같았다. 우리 집에 놀러 온 친구들도 이곳을 참 좋아했다. 우리 엄마도 나도 그 집이 종종 그립다.

화곡주공시범아파트 연립주택

사진 출처 - https://x.com/salguajc

4부
주공아파트에 관한 몇 가지 지식

4부 '지식' 편에서는 저층 주공아파트와 관련한 몇 가지 사실들을 정리해 보았다.

주공아파트란?

주공아파트는 대한주택공사(현 한국토지주택공사)에서 국민들의 주거안정을 위해 지은 아파트를 말한다. 주로 중산층을 대상으로 하여, 5층 규모의 건물 동과 1~2개의 방, 1개의 화장실, 부엌, 거실이 있는 구조이다. 대체로 13~20평 이하로 지어졌다.

1970년대를 시작으로 2006년까지 전국에서 '주공' 이름으로 분양을 한 단지는 총 980여 개에 달한다고 한다. 2006년부터 2009년까지는 '휴먼시아', 그리고 그 이후에는 'LH'라는 이름을 붙이기 시작하였다.

참고로 정부 주도로 만들어진 일종의 공공분양 아파트의 성격을 지닌 주공아파트와 유사한 개념으로 시영아파트가 있다. 시영아파트는 지방자치단체에 의해 지어진 아파트를 말한다.

서울권의 경우 1970년대에 반포주공, 잠실주공, 80년대에 개포주공, 둔촌주공, 고덕주공, 과천주공, 광명주공, 90년대에 상계주공, 중계주공이 지어졌다.

대한주택공사의 주공아파트 공급은 자력으로 주택을 마련할 수 없는 무주택 국민에게 주택을 대량 건설하여 저렴한 가격으로 공급함으로써 국민 주거 생활의 안정과 향상에 기여한다는 기본 목적 외에 인구 분산 등 정부 시책의 수단으로 사용되었기 때문에 때로는 분양성이나 사업성이 없는 지방의 외딴 소도시에도 주공아파트가 지어졌다.

대한주택공사의 사훈; 우리는 복지사회 건설의 사명을 띠고 새롭고, 값싸고, 살기 좋은 주택을 많이 건설하여, 국민 주거생활 향상에 이바지한다.

이미지 출처 – 『대한주택공사 20년사』(1979), 4쪽.

단양 신단양주공(1985년), 2024년 10월

1973년 반포 AID차관아파트(반포주공1단지 3주구) 530세대의 추첨을 하는 모습이다. 1973년 7월 5일부터 7일까지 사흘동안 분양 신청 및 접수에 8,404명이 모여 높은 경쟁률을 보였다. 1973년 7월 10일 아파트 당첨자 발표 및 동·호수 추첨은 컴퓨터를 이용한 공개추첨 방식이었다. 분양 조건은 '분양신청자와 입주자가 동일인이어야 하며, 입주권을 양도 또는 전매할 수 없고, 계약체결 후 5년간 전매할 수 없으며, 주거 이외의 목적에 사용허가를 할 수 없고, 주택 및 대지의 원형을 변형할 수 없다' 이다.

사진 출처 – 『반포본동: 남서울에서 구반포로』(2018), 336쪽.

주공아파트 분양

주공아파트에서 지은 주택은 분양 대상에 따라 분양주택과 임대주택, 두 가지로 구분 지을 수 있다. 분양 주택은 부금 상환을 전제로 하여 매각하는 주택을 말하고, 임대주택은 도시 영세민에게 저렴한 가격으로 임대하는 주택을 말한다.

분양 주택은 다시 세 종류로 구분된다. 우선 일반 분양 주택은 부금 상환이 가능한 무주택 세대주에게 공급하는 주택을 말한다. 공급 방법은 추첨 등 공개 모집 방식으로 진행을 하다, 1970년대 중반 이후 아파트 투기가 극심해지자 1977년 8월 국민주택 우선 공급에 관한 규칙을 제정하였다. 이 규칙에 따라 대한주택공사나 지자체에서 공급하는 공공주택은 국민주택청약부금 가입자에게만 주기로 한다. 무주택 세대주만 국민주택 청약부금에 가입하도록 하고, 청약부금 가입자의 불입 횟수와 저축 총액에 따라 우선 순위를 부여하는 방식으로 바뀌었다.[1]

일반분양 주택 외에도 주공은 저소득 근로자들의 주거 안정 및 기업의 생산성 향상을 위해 산업 도시에 근로자들을 위한 주택을 짓기도 하였다. 이를 근로자주택이라고 한다.

---

1 여기서도 경쟁이 있을 경우 해외 취업 근로자이면서 영구 불임 시술자, 영구 불임 시술자, 해외 취업 근로자의 순서대로 분양대상자를 정하였다. 불임 시술자에 대한 우대 조치는 1997년 폐지되었다.

■입주자선정
(1) 특별분양 : 원호대상자, 철거민, 공무원 등
※ 분양신청은 해당기관에서 일괄신청.
(2) 일반분양 : 신청자가 분양호수를 초과할 경우에는 아래 순위에 따라 입주자 선정
● 청약부금 또는 재형저축 가입자로서(단, 청약부금 가입자중 '78. 2. 4이전 가입자는 50만원이상, 재형저축은 '80. 8. 29이전 가입자)
1순위 : 6회이상 불입하여 80만원 이상이 된자.
2순위 : 12회이상 불입한자(재형저축은 매월 1만원이상)
3순위 : 6회이상 불입한자(재형저축은 매월 1만원이상)
※ 상기 1~3순위자는 선매청약저축 가입자에 우선함

1982년 개포주공 아파트 분양 광고에 나온 입주자 선정 기준

이미지 출처 - 82년 5월 10일 동아일보

    또 주공이 기업에 아파트를 분양하고, 기업체에서 소속 근로자들에게 다시 주택을 임대하기도 하였는데 이를 사원 임대주택이라 불렀다.

    주공이 지은 임대주택은 크게 내국인 임대주택과 외국인 임대주택으로 구분된다. 한국 거주 외교관 및 기업인들의 안정된 주거 공간을 위해 한남동 등 일부 지역에 지어진 외국인 임대주택 외에, 대한주택공사가 지은 대부분의 임대주택은 도시 영세민을 위한 것이었다. 생활보호대상자 및 장애인, 국가유공자, 무주택 저소득층 등에 할당된 임대주택의 입주자 선정은 해당 지역의 지자체장에게 맡겨졌다. 각 지자체는 자체 기준에 의해 입주 대상자를 선정 후 이를 공사에 통보하였다.

임대주택은 영구임대주택, 최장 20년 혹은 30년 거주가능한 국민임대주택, 5년 혹은 10년이 경과 후 분양주택으로 전환하는 공공임대주택, 매입임대주택 등 시대에 따라 다양한 형태로 변화해 왔다.

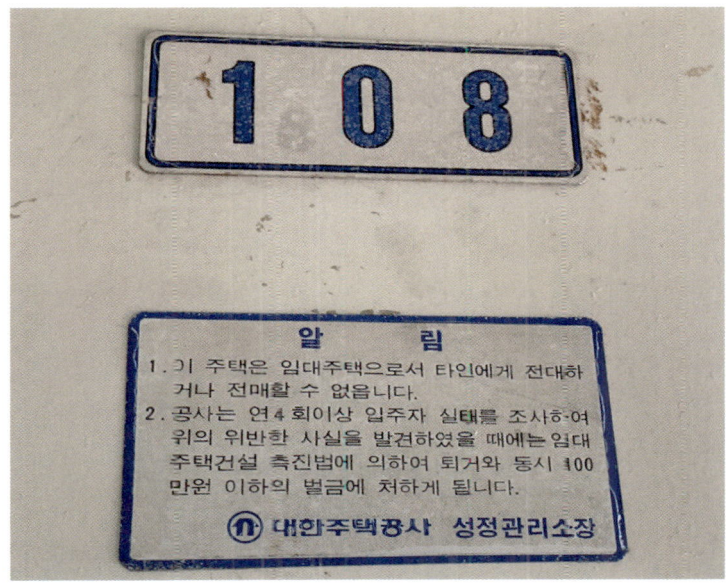

천안성정주공5단지(1988년) 임대주택의 한 세대에 붙어 있던 경고문.
1. 이 주택은 임대주택으로서 타인에게 전대하거나 전매할 수 없습니다.
2. 공사가 연 4회 예상 입주자 실태를 조사하여 위의 위반한 사실을 발견하였을 때에는 임대주택건설 촉진법에 의하여 퇴거와 동시에 100만원 이하의 벌금에 처하지게 됩니다.

주공아파트 공급

대한주택공사는 1962년 설립 이후 바로 우리나라 아파트의 효시라 할 수 있는 마포아파트 단지 건설을 시작으로 하여 한국에 본격적인 아파트 시대를 여는 데 크게 기여해 왔다. 외국인 및 저소득층의 주택 부족 문제 해결을 위한 임대아파트를 건설하는 한편, 서울을 비롯한 전국에 아파트 단지를 개발해 주택을 대량 공급해 왔다.

1962년 이후 2008년 말까지 대한주택공사는 200만 호 주택을 공급하는 실적을 달성하였는데, 이 중 분양 주택이 97만 2201호이고 임대주택이 111만 5180호였다.

대한주택공사는 대도시 외에, 지방도시, 산업도시 등으로 주공아파트 건설 지역을 확대하여 저소득층 및 무주택 국민에게 내 집 마련의 기회를 부여함과 동시에 대도시 영세민에게 공업 단지로의 이주를 촉진하여 산업 발전에 기여하고자 하였다. 대한주택공사의 76년 보고[1]에 의하면 1976년 한 해 공사는 총사업비 682억 원을 투입해, 1만 8925호를 건설하였는데, 그 건설 범위가 전국 25개 시 40개 지역이라고 밝히고 있다. 전체 1만 8925호 중 울산, 포항, 구미, 마산, 창원, 이리, 동해 등 산업도시에 1888호, 대전, 전주, 청주, 진주, 군산, 춘천, 원주, 목포, 진해, 사천, 광주의 지방 도시와 인천, 수원, 부천, 안양 등 위성도시에 4280호, 그리고 서울, 부산, 대구 등 대도시에 1만 2757호가 건설되었다고 전한다.

---

1 『아름다운 미래, 행복을 짓는 사람들: 대한주택공사 47년의 발자취』(2009), 49쪽

한국토지주택공사(LH) 연혁

1941년 조선주택영단 설립

1948년 대한주택영단으로 명칭 변경

1962년 1월 20일 대한주택공사법 제정

1962년 7월 1일 상기 법령에 따라 대한주택영단을 대한주택공사로 설립

1962년 국내 최초의 아파트 단지 건설(마포)

1965년 대규모 주택 단지 조성(서울 강서구 화곡동 132.232㎡)

1971년 국내 최초의 임대아파트 건설(개봉동)

1978년 잠실 주공아파트 단지 건설(19,180호) (1975~1978)

1979년 반포 주공아파트 단지 건설(7,906호) (1971~1979)

1984년 과천주공 포함 신도시 건설(13,522호) (1980~1984)

1988년 상계 신시가지 건설(42,874호) (1986~1989)

1997년 산본 신도시 건설(41,743호) (1989~1997)

1997년 분당 신 사옥 이전

1998년 국내 최초 국민임대 주택건설(수원 정자)

2004년 국내 최초의 10년 공공임대아파트 건설(오산 세교)

2005년 주택건설 166만호 달성

2007년 주택건설 195만호 달성

2009년 10월 1일 토공과 주공, 한국토지주택공사(LH)로 합병

2015년 4월 30일 성남에서 경남 진주시로 본사 이전

* 위 연혁은 한국토지주택공사 홈페이지 등에서 출혜, 편집한 것이다.

태백 황지주공(1983), 2024년 11월

주공아파트 마크

우리에게 너무나 친숙한 주공 마크. 왼쪽 페이지의 마크는 1978년부터 2003년까지 대한주택공사를 상징하는 CI(Corporate Identity)로 쓰여 왔다. 그 이미지가 무엇을 상징하는 자에 대해서 1978년 대한주택공사에 의해 발간된 〈대한주택공사 20년사〉에 나와 있어 소개한다.

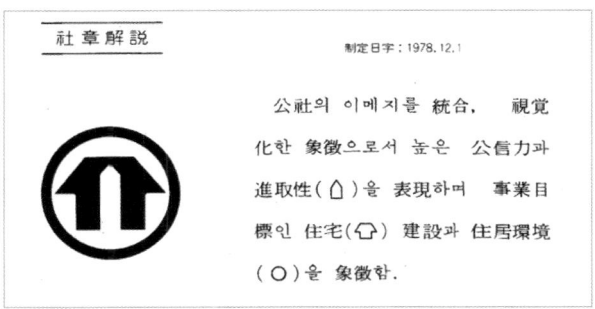

위 설명을 각색 해 설명하면 아래와 같다.

"가장 가운데 이미지인 하늘로 솟은 하얀 색 화살표는 높은 공신력과 진취성을 표현하며, 검정색 집 모양의 이미지는 사업의 목표인 주택 건설을, 바깥의 큰 원은 주거 환경을 상징한다."

우리에게 익숙한 위 CI가 도입되기 전, 즉 1978년 전에는 일자형의 이미지를 사용하였는데, 이 주공 마크가 아직 남아 있는 곳은 목포에 있는 1977년에 준공된 용당한국아파트의 현판이었다.

목포 용당한국(1977), 2019년

전국에 아직 남아 있는 저층 주공아파트들에서 쓰이는 로고는 대부분 1978년부터 2003년에 쓰였던 익숙한 그 로고였으나, 최근에 다시 도색을 한 단지의 경우, 대한주택공사의 최신 CI 로고를 쓴 곳도 꽤 있었다.

안동 용상주공(1980), 2024년 11월

대한주택공사(현 한국토지주택공사)의 CI 변천[1]

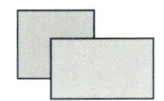

1962년 대한주택공사 설립, 1962~1964
왼쪽 사각형은 창호를, 오른쪽 사각형은 벽돌을 상징한다.

1964~1978
ㄷ자 모양은 빌딩과 건물 입구 및 '대한'을, ( )는 울타리를 상징한다.

1978~2003
주택과 주거 환경을 상징하며, 진취성과 공신력을 표현했다.

2004~2009
'CH'는 City & Housing(도시와 주택), Community & Humanity(공동체와 인간 중심), Customer's happiness(고객 행복) 등 다양한 의미를 담고 있다

2009년 한국토지공사와 통합, 2009~ 현재
'LH'는 Land & Housing, Life & Human, Love & Happiness를 의미하며, 토지와 주택 분야의 대표 기업으로서 인간 중심과 국민 행복을 위한 주거 공간 및 도시 국토 개발의 가치를 담고 있다. C의 작은 원과 큰 원은 무한대, 소통과 상생, 변화와 성장을 역동적으로 표현하며, 친환경 녹색 성장과 국민들에게 꼭 필요한 기업이 되고자 하는 LH 임직원의 의지를 형상화한 것이다

---

1 『아름다운 미래, 행복을 짓는 사람들: 대한주택공사 47년의 발자취』(2009), 548쪽 및 홈페이지를 인용.

참고로 전국에 아직 남아 있는 저층 주공아파트 단지를 둘러보다, 일부 동의 주공 마크가 기존에 보던 주공 마크와 다르게 삼각형 모양의 심볼 형태를 띠고 있는 것을 발견하곤 하였다. 그런 마크들은 공무원 전용 아파트임을 나타내는 것이었다. 공무원들의 주거 안정을 위해 70~80년대 대한주택공사에서 지은 아파트 일부 동을 공무원 전용 임대아파트로 할당했다고 한다. 전주에 아직 남아 있는 1984년 지은 효자주공3단지의 경우 전체 1,230가구인데, 이 중 400세대가 임대아파트, 570세대는 일반분양, 나머지 260세대는 공무원 아파트 몫이었다.

전주 효자주공3단지(1984), 2024년 7월

진주 이현주공(1983), 2024년 9월

원주 단계주공(1984), 2024년 10월

잠실주공2단지(1975), 현 잠실 리센츠(2008년), 1996년 8월

사진 출처 - 서울연구데이터베이스

주공아파트 동

도심 한가운데 소규모로 아파트 개발이 이루어지는 경우에는 대지 모양이 제각각이기에 아파트의 형태와 동 배치도 다양한 모습을 갖기 마련이다. 그러나 1970~80년대 전국적으로 주택 부족 문제에 직면해 신규 택지 개발이 이루어진 곳에 만들어지곤 하였던 저층 주공아파트 단지는 생산성을 위해 혼일화된 모습으로 지어질 수밖에 없었다.

전국에 지어진 저층 주공아파트 단지의 공통된 특징 첫 번째는 이른바 '성냥갑 아파트'라 부르는 판상형 주거동 구성이다. Y자나 T자 형태의 타워형에 비해, 방과 거실이 옆으로 나열된 판상형 아파트는 남향을 선호하는 풍토와 더불어 환기에 유리해 생산자와 소비자 모두를 만족시켜 주는 효율적인 방식이었다.

거주민들의 남향 선호는 동 배치에 있어서도 ㅡ자형 배치라는 한 가지 방식만을 유행하게 했다. 대한주택공사가 1975년 지은 잠실주공 2단지에서 ㅁ자형 배치와 같은 새로운 형태를 시도해 보았으나, 이내 남향 선호라는 주민들의 요구를 수용할 수밖에 없었다고 한다. 결국

1970년대 초에 지은 한강맨션, 반포주공아파트를 시작으로 하여 1980년대 중후반까지 대한주택공사가 전국에 지은 대부분의 저층 주공아파트 단지에서는 판상형 주거동의 ―자 배치라는 공식이 반복 재생산되었다.

서울 반포주공1단지(1973), 1976년 11월 10일

사진 출처 - 서울역사박물관

원주 단계주공(1984), 2024년 10월

저층 주공아파트 주거동의 또 다른 획일화된 특징은 대부분 계단실형으로 지어졌다는 점이다. 계단실형은 편복도형에 비해 통풍 및 사생활 보호 차원에서 더 유리했다. 게다가 70~80년대 지어진 전국의 주공아파트들은 대개 5층 이하로 지어져 엘리베이터 설치가 불필요했고, 따라서 계단실형이 편복도형보다 딱히 비경제적이지도 않았다.

위 사유들로 인해 1990년대 초까지 전국에는 판박이처럼 비슷한 모양을 한 성냥갑 형태의 저층 주공아파트들이 대량 생산되게 되었다.

경주 성건주공 연립(1984), 2024년 11월

주공아파트 층수

대한주택공사는 70~80년대 신속한 주택공급이라는 효율성 달성을 위해 성냥갑 같은 5층짜리 아파트를 전국 각 지역에 복사하듯이 찍어 냈다.

그런데 전국을 임장 다니다 보니, 대한주택공사가 공동주택 제작에 있어 새로운 유형을 한때 시도했던 것을 알게 되었다. 이 책 1부의 '5층이 아닌 주공아파트들' 장에서 이미 소개하였듯이 전국 소도시에는 아직 주공아파트라는 이름을 단 단독주택 및 연립주택 형식의 공동주택이 남아 있었다. 1개 층의 단독주택들이 모여 형성된 단지도 있고, 2층 혹은 3층으로 지어진 연립주택들이 모여 있는 단지도 있었다. 일부 단지는 5층짜리 아파트 동들과 더불어 연립 및 단독주택 동들이 섞여 있었다.

조사를 더 해 보니 한때 여러 도시에 이러한 연립이나 단독 형태의 주공아파트들이 존재했었다는 점을 알게 되었다. 이 중 대도시에 있었던 단지들은 사업성이 워낙 좋다 보니 대부분 재건축이 완료되어 현재는 이미 고층의 아파트 단지가 되었다.

조사에서 알게 된, 재건축이 되어 이미 사라진 단지들은 서울 화곡주공시범아파트, 일명 화곡구릉단지(1978년), 구미 형곡주공1단지(1979년), 청주 봉명주공1단지(1980년), 과천주공1단지(1981년), 과천주공12단지(1984년), 제주 도남주공 연립(1984년), 광명 철산주공7단지(1985년), 철산주공8단지(1985년), 천안 신부주공2단지(1985년), 평택 서정주공 연립(1986년) 등이다. 저층의 연립주택만으로 된 단지도 있지만 5층 아파트와 같이 섞여 있는 단지도 있었는데, 청주 봉명주공1단지 같은 곳은 1층의 단독주택, 2층의 연립주택, 5층의 아파트 동들이 모두 같이 있는 단지였다.

충주 남산주공 연립(1984), 2024년 10월

대한주택공사의 아파트 이름을 단 연립주택 단지의 내부 형태도 다양하다. 구미 형곡주공1단지 내 연립주택의 경우는[1] 단층형 단독주택들이 연속으로 지어져 이루어진 동도 있고, 2세대가 각각 한 층을 쓰는 2개 층의 연립주택들로 이루어진 동이 공존하는 단지였다. 서울 화곡주공시범아파트 내 연립주택의 경우는 한 세대가 2개 층을 모두 쓰는 복층의 단독주택이 벽과 벽을 맞대고 10호 이상 연속해 지어진 형태였다.

---

1 전남일, 『한국 주거의 공간사』(2010), 347쪽에서 인용.

서울 화곡주공시범아파트(1978)

사진 출처 - 『아름다운 미래, 행복을 짓는 사람들: 대한주택공사 47년의 발자취』(2010), 166쪽

1980년대 과천이라는 신도시에 지어진 과천주공단지 연립의 경우도 우리나라에서 본격적인 타운하우스의 변모를 갖춘 단지로 알려져 있다. 과천주공의 연립은 구미 형곡주공 연립이나 서울 화곡주공시범아파트 연립에서 좀 더 진화한 형태를 보여준다.[2] 겉으로 보기에는 3층으로 이루어진 연립 같은데, 하부층에 한 세대, 상부층에 복층을 사용하는 한 세대를 배치하였다. 하부 세대는 지상에서 직접 진입하고, 상부 세대는 지상에서 2층까지 연결된 계단으로 진입하는 형태이다.

---

2 전남일, 『한국 주거의 공간사』(2010), 349쪽을 재인용.

과천주공10단지 연립(1984), 2024년 11월

과천주공10단지 고층 세대로 오르는 계단

부산 망미주공의 테라스 세대(1986), 2024년 11월

대한주택공사는 이후 부산 망미주공아파트(1986년)에 지형 차를 이용한 테라스형 단독 주택을 만드는 등 창의적 시도를 하기도 하였지만, 저층의 공동주택 개념은 경제성의 논리에 밀려 사라져 갔다. 80년대 들어 주공은 대지의 이용 효율을 높이기 위해 아파트를 고층화해 짓는 선택을 하기 시작한다.

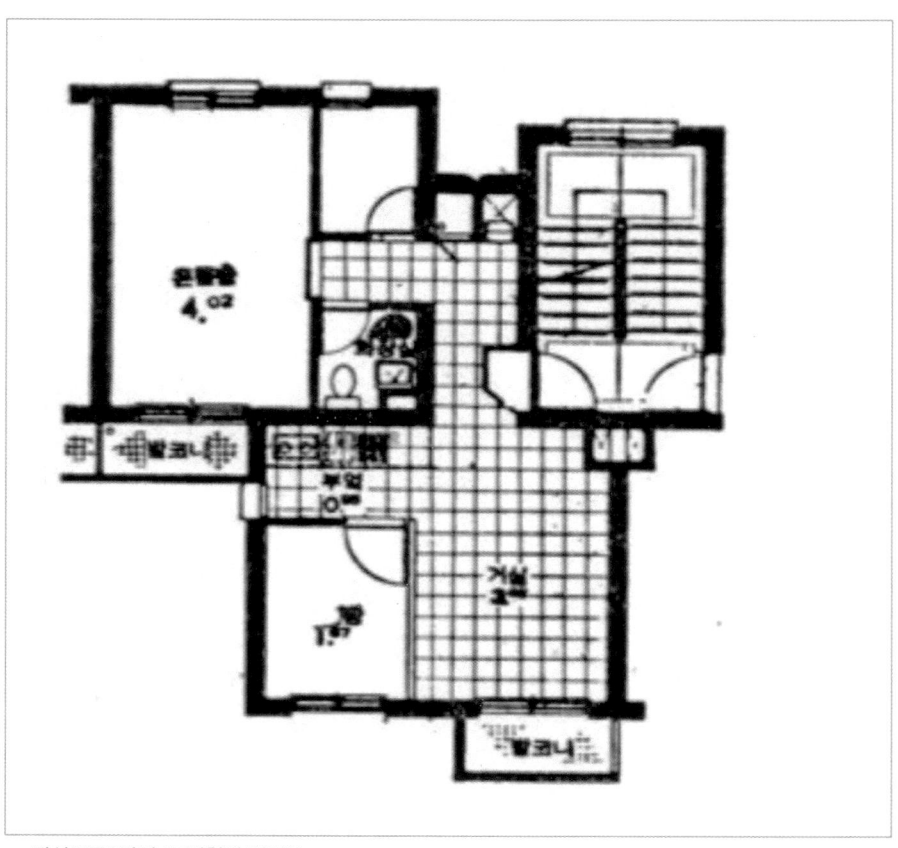

잠실주공1단지 15평형의 평면도
: 온돌방(큰방)1, 작은 방1, 거실, 부엌, 화장실, 발코니가 표기되어 있다.

이미지 출처 - 1976년 10월 31일 조선일보에 실린 잠실주공1단지 분양 광고

주공아파트 크기

70~80년대 전국에 걸쳐 다량 생산된 저층 주공아파트의 크기는 대개 방 1~2개, 화장실 1개, 거실 및 부엌을 갖춘 형태로, 평형은 대체로 10평대의 소형 평형이 많았다.

1976년 만들어진 대한주택공사의 한 보고[1]에 의하면 그 해 지어진 1만 8925호 중 규모별 주택의 공급 수는 7.5~10평이 1700호, 13평이 1만 900호, 15~22평이 2178호, 23~25평이 4147호였다. 1976년 지어진 전체 물량 중 13평형만 전체 물량의 반 이상을 차지할 정도로 대체로 10평대가 많았음을 알 수 있다. 서울 한강맨션이나 반포주공 1단지처럼 26~55평의 대형 평형으로 지어진 주공 단지도 있지만 이는 극히 예외적인 경우이다. 실제 필자가 조사한 전국에 현재 남아 있는 저층 주공아파트의 크기는 9, 12, 13, 15, 17평 정도의 소형 평형이 대부분이었다. (이 책 말미에 현재 전국에 남아 있는 저층 주공아파트 리스트를 참조하길 바란다)

---

1 『아름다운 미래, 행복을 짓는 사람들: 대한주택공사 47년의 발자취』(2009), 49쪽

주공아파트 난방

지금은 상상하기 어렵지만 60~70년대까지 지어진 초기 아파트 중에는 당시의 단독주택과 마찬가지로 개별적으로 연탄을 때는 연탄온돌 방식이 일반적이었으며, 일부는 연탄보일러를 설치해 온수를 공급하기도 했다. 이에 각 세대에서는 오늘날의 다용도실에 해당하는 부엌 옆 보조 공간에 연탄을 보관하기도 했다. 1962년 지어진 마포아파트는 단지 내 연탄 보관 장소가 있었고, 1975년~77년에 지어진 잠실주공의 경우도 개별 단지 내에 쌀 가게와 더불어 연탄 판매상이 입점해 있었다.

단지별	아파트					주구센타(종합상가)		지하	점포	
	구분	규모(평)	동수	동별	세대수	규모(동)	연면적(평)	연 탄 상	미 곡 상
중1단지	임대	13	75	1~76	3,020	1	약1,628.96	40평형 3개	20평형 3개
중2단지	분양(차관)	13	56	201~256	3,100	1	약1,628.96	53평 3개	30평형 3개
		15	2	257~258	130				
중3단지	분양(차관)	15	67	301~367	3,000	1	약1,116.38	55평형 4개	27평형 4개
	분양(국민)	17	4	368~371	280				
중4단지	분양(국민)	17	54	401~454	2,130	1	약1,116.38	66평형 4개	33평형 4개
	계	13~17	258		11,660	4	약5,490.66	14	14

잠실주공 1,2,3,4 단지의 건설 내역을 정리한 위 표의 맨 오른쪽 칸에 보면 '연탄상'과 '미곡상'이라는 항목이 있다. 가령 잠실주공 1단지의 경우 40평형 크기의 연탄 가게 3곳이 계획되었다는 점을 알 수 있다.

이미지 출처 - 서울기록원, 〈잠실 주공아파트 단지내 미곡 및 연탄용 점포 개점허가 협조 요청〉, 《잠실지구 주공AID 분양아파트 입주 계획 선정》, 1975.11.06, 서울특별시 주택국 주택기획과.

1970년대 중반 이후, 대한주택공사가 대규모 아파트 단지를 본격적으로 공급하면서 중앙난방 방식이 도입되었다. 중앙난방은 한 건물 또는 단지 내에서 하나의 대형 보일러를 통해 난방수를 공급하는 방식으로, 초기에는 등유나 경유를 사용하는 기름보일러가 주를 이루었고, 일부는 석탄 보일러를 이용하기도 했다. 이러한 중앙난방 시스템은 개별적으로 연탄을 관리할 필요가 없어 편리했지만, 난방비가 사용량과 관계없이 균등하게 부과된다는 점에서 비효율적인 측면이 있었다. 또한, 난방 공급이 일정하지 않아 일부 가구에서는 난방이 부족하다는 불만이 제기되기도 했다.

반포주공1단지, 2018년

사진 출처 - 국가기록원

지구별		평형	분양호수	호 당 규 모(평)			난 방 방 식
				전용	공용	분양면적	
인천시	간석동	25	50	24.86	1.89	26.75	중앙난방식 5층아파트
대전시	가장동	15	100	13.25	1.77	15.02	연탄온돌식 〃
〃	〃	17	100	15.34	1.77	17.11	〃
광주시	운암동	22	150	22.34	1.87	24.21	중앙난방식
〃	〃	25	50	24.86	1.89	26.75	〃
부산시	구서동	22	50	22.34	1.87	24.21	〃
〃	〃	25	100	24.86	1.89	26.75	〃
창원시	반송동	13	100	11.43	1.67	13.10	연탄온돌식 〃
〃	〃	15	200	13.31	1.65	14.96	〃
〃	〃	17	80	15.72	1.65	17.37	〃
청주시	사직동	13	잔여분 약간세대	11.43	1.67	13.10	
옥천읍	문정리	15		13.33	1.65	14.98	
〃	〃	17		15.73	1.65	17.38	
이리시	어양동	10		8.85	1.65	10.50	
구미시	형곡리	20		20.42	1.03	21.45	연탄온돌식연립주택
대구시	중리동	22		22.34	1.87	24.21	중앙난방식 5층아파트
		25		24.86	1.89	26.75	

1980년 1월 30일 경향신문의 주공아파트 분양 광고에 실린 난방 방식, 중앙난방식과 연탄온돌식이 있었다

평형	난방방식
11	연탄온돌
13	〃
15	〃
15	연탄보일러
17	〃
7.5	중앙난방
16	〃
19	〃
22	〃
25	〃

1982년 5월 10일 동아일보에 실린 서울 개포주공아파트 분양 광고의 난방 방식, 평형에 따라 연탄온돌, 연탄보일러, 중앙난방 방식으로 제각각이다.

1980년대 중반 이후에는 지역난방이 도입되면서 아파트 난방 방식이 다시 한번 변화하게 되었다. 지역난방은 열병합발전소에서 생산된 온수를 대규모 단지에 공급하는 방식으로, 서울 목동 등 당시 주요 신도시 아파트 단지에서 적용되었다.

목동아파트와 목동 열병합발전소 굴뚝, 1996년

사진 출처 - 서울연구데이터베이스

하지만 모든 지역에서 지역난방을 이용할 수 있는 것은 아니었기 때문에, 중소 규모 단지에서는 여전히 중앙난방이 유지되거나 개별 등유 보일러를 설치하는 경우도 많았다. 이 시기에는 도시가스 공급이 원활하지 않은 지역을 중심으로 LPG(액화석유가스) 가스통을 활용한 개별난방 방식도 많이 사용되었다.

안동 태화아파트(1978) 외부에 있던 LPG가스통, 2024년 11월

1990년대 중반 이후부터는 개별난방이 본격적으로 확산되었다. 초기에는 등유 보일러를 활용한 개별난방이 많았으나, 도시가스 인프라가 확장되면서 개별 도시가스 보일러 방식이 빠르게 보급되었다.

개별난방은 각 가구에서 직접 난방을 조절할 수 있어 효율적이며 경제적인 장점이 있어, 점점 더 많은 아파트가 중앙난방에서 개별난방으로 전환하였다. 기존에 주공어서 지은 오래된 저층아파트 단지 중 기름보일러, LPG 가스통 보일러, 중앙난방을 사용하던 많은 단지들도 도시가스 배관 설치 및 개별 보일러 설치를 통해 개별 도시가스 방식으로 차츰 전환하게 되었다.

개별 도시가스 난방 방식의 영월 하송주공1차(1983), 2024년 11월

5부
주공아파트에 관한
소소한 상식

5부 '소소한 상식' 편에서는 전국의 저층 주공아파트 관련 통계 중 재미난 사실들을 정리해 보았다.

전국에서 가장 오래된 주공아파트

대단지의 저층 주공아파트들은 대개 입지가 꽤 좋은 곳에 있다. 과거 해당 도시의 신규 택지를 개발하면서 그곳에 주공아파트 단지도 같이 만들었기 때문이다. 입지가 좋다 보니 주요 대도시 내 주공아파트 단지들은 재건축이 되어 이미 사라졌다. 아직 남아 있는 곳들은 아주 작은 소도시에 위치하거나 입지가 좋지 않아 재건축 사업성이 뒷받침되지 못한 곳들이 대부분이다.

그렇다면 현재 전국에 남아 있는 저층 주공아파트 단지 중 가장 나이가 많은 곳은 어디일까? 정답은 의외로 서울에 있었다. 서울 서대문구 홍제동에 있는 1968년에 지어진 인왕아파트이다.

서울의 구도심에 해당하는 홍제동에는 오래된 아파트들이 많은데 인왕아파트도 그중 하나이다. 인왕아파트는 총 4개 동인데 부지가 작아서 인왕아파트 단지 만으로는 사업성이 나오지 않아 재건축이 추진되지 못하였다. 현재는 일대 단독 및 다세대 주택들과 같이 '홍제3' 단독주택 재건축 구역에 속하게 되면서 개발이 진행되어 조만간 사라질 예정이다.

지금은 여느 주공아파트와 비슷해 보이지만, 인왕아파트가 지어진 1968년만 해도 서울에는 아파트라는 건물 자체가 거의 없던 시기라 이곳은 모든 이들이 부러워하던 고급 주택 단지였다고 한다.

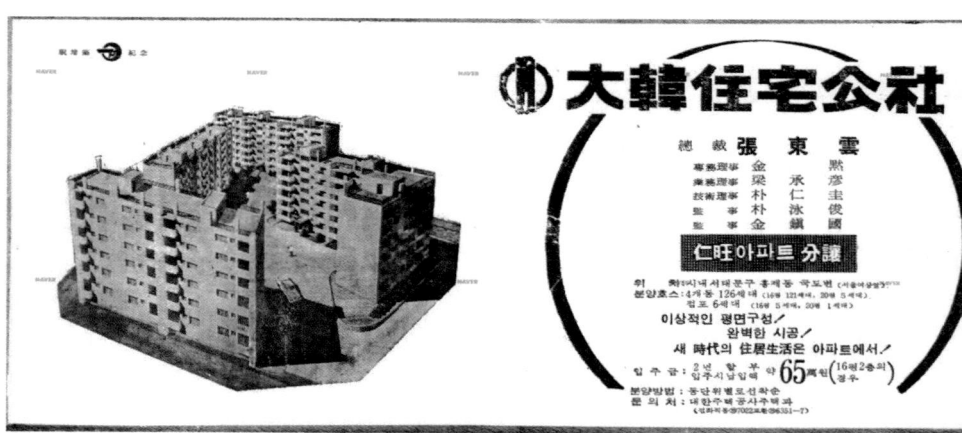

1968년 11월 2일 매일경제신문에 실린 인왕아파트 분양 광고

이미지 출처 - 네이버 뉴스 아카이브

인왕아파트(1968년), 2024년 10월

인왕아파트(1968년), 2024년 10월

서울 한강맨션(1971), 2019년 9월

전국에서 가장 비싼 주공아파트

이 책을 편집하고 있는 25년 7월을 기준으로 전국에 남아 있는 저층 주공아파트 중 가장 비싼 단지가 어디일지 조사해 보았다. 2~3년 전이라면 단연 반포주공 1단지였겠지만 지금 이곳은 새 아파트로 변모해 가는 중이다.

현 시점에서 저층의 주공아파트 모습 그대로 남아 있는 곳 중 가장 비싼 곳은 서울 용산구 동부이촌동의 한강맨션이다. 여의도 시범아파트, 사라진 반포주공1단지와 함께 1970년대 서울에 지어진 중산층 대상 고급 아파트의 대명사 중 하나였던 이 한강맨션도 이제 재건축의 막바지 단계인 이주 단계에 와 있어 곧 사라질 전망이긴 하다. 한강맨션은 26, 27, 31, 36, 50, 54평형이 있는데, 이 중 36평형이 2025년 4월에 49억 5천만 원에 거래되었다. 36평형의 대지 지분은 30.9평으로 대지 지분 평당 가격으로 계산하면 1평에 1억 6,019만원에 달한다.

태백 동점아파트(1986), 2024년 10월

전국에서 가장 저렴한 주공아파트

전국에서 가장 비싼 주공아파트 단지를 조사하다 보니, 가장 저렴한 아파트가 어디인지도 궁금해졌다. 검색하다 보니, '중고차보다 싼 집값, 990만 원 아파트'라는 기사를 발견했다. 2023년 발간된 이 기사는 태백시의 동점아파트가 인근에 산업단지가 생기면서 수요가 몰려 저렴한 가격에 일괄 거래되었다는 내용이었다. 태백 동점아파트는 13평형 단일 평형인데, 2023년의 이 기사에서는 990만 원이라고 했으나, 2025년 6월 현 시점에 나와 있는 매물의 호가는 2,900만 원이었다. 그럼에도 불구하고 전국의 저층 주공아파트 단지 중에서 가장 싼 가격인 건 맞다.

---

1 《헤럴드경제》, 「중고차보다 싼 집 값, 930만원 아파트 18채 거래」, 2023. 8. 22.

세대당 지분이 가장 큰 주공아파트

 이 책을 쓰기 위해 전국에 현존하는 5~6층 이하의 동들로 구성된 주공 아파트 단지를 조사해 보니 총 143개였다. 전술한 바와 같이 일부 단지는 3층 이하의 연립주택들만으로 이루어진 곳도 있고, 통상적인 5층짜리 아파트 동과 3층 이하로 지어진 동이 섞여 있기도 하였다.

 오늘날 우리가 자주 보는 15층 이상의 고층 아파트와 달리 저층으로 이루어진 단지는 한 세대의 토지 지분이 클 수밖에 없다. 사업성이 뒷받침되는 서울이나 기타 광역시 이상의 대도시에서는 이러한 3층 이하 연립들이 있는 주공아파트 단지들은 지금은 모두 사라졌다. 그렇다면 아직 남아 있는 곳 중에서 세대당 대지지분이 가장 큰 곳이 어디일지 궁금해 조사해 보았다.

 정답은 충주시 교현동 1082번지에 있는 남산주공 연립이었다. 1개 층의 단독주택 90세대가 모여 있는 남산주공 연립의 세대당 평균 지분은 무려 55.4평이다.

충주 남산주공 연립(1984년), 2024년10월

마포아파트, 1963년 촬영

사진 출처 - 국가기록원

마포아파트, 1970년대 중반에 촬영된 것으로 추정

사진 출처 - 블로그 정기용의 서울 이야기

주공아파트 단지 중 최초로 재건축이 된 곳

우리나라에서 최초로 재건축으로 탄생한 아파트는 어디일까? 기사를 검색해 보니 서울 서대문구 충정로에 있는 한 동짜리 아파트인 현대아파트라고 한다. 이 자리에는 원래 1959년에 지어진 6층짜리 '개명아파트'가 있었는데, 1992년 현대아파트로 재건축이 되었다.

그렇다면 한 동짜리 아파트가 아닌, 주공아파트 '단지' 중에서 최초로 재건축이 이루어진 곳은 어디일까? 그곳은 현재 공덕역 주변 도화동에 있는 마포 삼성아파트이다. 원래 이곳에는 최고 6층, 10개 동, 642가구의 마포아파트가 있었다. 마포아파트는 1962년 설립된 대한주택공사의 설립 기념 프로젝트였다. 마포형무소가 안양으로 이전해 가며 생긴 이 부지에 대한주택공사는 근대적 방식의 모범적 공동주택을 건설하겠다는 일념으로 단지 내에 공원, 녹지, 운동장 등을 한데 갖춘 단지형 아파트를 지었다. 마포아파트는 지어진 지 30년이 지난 1991년 철거되고 1997년에 마포 삼성아파트로 재건축이 된다.

주공아파트 단지 중 가장 이른 나이에 재건축이 된 곳

고양시 행신동에 1988년 준공된 행신주공아파트가 있었다. 보통은 건물 준공 후 최소 20년은 경과되어야 재건축 대상이 되는데, 이 단지는 준공된 지 불과 13년 만인 2001년에 안전진단을 통과하면서 재건축이 결정되었다. 이후 2002년에는 이주 및 철거가 되었다.

왜 지어진 지 14년 만에 사라진 걸까? 그 이유는 행신주공이 이른바 'PC공법'으로 지어진 조립식 아파트였기 때문이다. PC 공법(PC Precast Concrete)이란 철근콘크리트를 일일이 붓는 대신 공장에서 이미 만들어진 벽과 슬래브를 아파트 현장으로 운반해 조립하는 공법을 말한다. 1980년대 주택 보급률을 높이기 위해 미비한 기술 상태에서 무리하게 이런 방식으로 지어진 아파트를 대량 공급했는데, 이 조립식 아파트들은 연결부 균열, 건물의 기울어짐 등 구조적인 안전 문제가 제기되었다. 이에 다른 아파트에 비해 매우 신속하게 재건축이 진행되었다.

같은 이유로 서울 노원구 상계주공8단지(1988년), 의정부시 용현주공아파트(1989년) 등도 지어진 지 20년이 채 안 돼서 재건축이 추진되었다. 이 중 가장 먼저 재건축이 완료된 행신주공아파트는 이후 '행신 SK View'라는 이름의 최고 24층의 고층아파트로 변모하였다.

고양시 행신SK View 아파트(2005년)

사진 출처 - 블로그 한국부동산

참고 문헌

참고 문헌

단행본

국정브리핑 특별기획팀, 『대한민국 부동산 40년』, 서울: 한스미디어, 2007.

김재람, 양소영, 이풀잎, 『효자, 시절』, 전주: 주식회사 씨즈닝팩토리, 2024.

박철수, 『박철수의 거주 박물지』, 서울: 도서출판 집, 2017.

박철수, 『한국주택 유전자2』, 서울: 도서출판 마티, 2005.

아파트멘터리, 『The APT: 한국 아파트의 모든 것』, 서울: 로우프레스, 2023.

전남일, 『한국 주거의 공간사』, 파주: 돌베개, 2010.

기관 자료

대한주택공사, 『대한주택공사 20년사』, 서울: 대한주택공사, 1979.

대한주택공사, 『대한주택공사 30년사』, 서울: 대한주택공사, 1992.

대한주택공사, 『아름다운 미래, 행복을 짓는 사람들: 대한주택공사 47년의 발자취』, 성남: 대한주택공사, 2009.

대한주택공사, 『주택건설 총람 1981-1982』, 서울: 대한주택공사, 1987.

서울역사박물관, 『반포본동: 남서울에서 구반포로』, 서울: 서울역사박물관, 2018.

서울역사박물관, 『아파트 인생=THE REPUBLIC OF APARTMENTS』, 서울: 서울역사박물관, 2014.

서울기록원, 『서울기록원 카탈로그 북 vol 4: 주택』, 서울: 서울기록원, 2023.

언론 기사

《강원일보》, 「강릉, "주공아파트 들어서면 빈민촌 낙인"」, 2008. 1. 30.

《굿모닝 충청》, 「기로에 선 대전 저층 주공아파트」, 2017. 11. 19.

《뉴스1》, 「재건축 갈수록 노 갑 – 지방 1억 아파트 원정 투자 부메랑」, 2024. 5. 2.

《뉴스토마토》, 「옥바라지의 장소, 아파트의 공간」, 2016. 9. 2.

《동아일보》, 「민간아파트 분양 갈수록 바늘구멍」, 1989. 4. 4.

《동양일보》, 「신년 특집 청주의 미래유산 6. '청주 옛 관문' 세대와 세대를 잇는 시계탑」, 2023. 2. 27.

《대한경제》, 「대한민국 아파트 50년 역사에 미래가 담겨 있다」, 2014. 3. 3.

《대한경제》, 「중흥토건, 목포 용해주공 3단지 재개발 수주 '정조준'」, 2019. 2. 26.

《땅집고》, 「22억 금싸라기 자건축 현장에 우뚝, 367세 느티나무의 사연」, 2022. 9. 5.

《땅집고》, 「7억 환급에 새 아파트까지 받는다 … 과천주공10단지 재건축 비결」, 2024. 3. 25.

《매일경제》, 「25일부터 주공아파트 일제 분양」, 1976. 8. 10.

《매일경제》, 「김시덕의 도시 발견 – 주공아파트의 재건축과 보존」, 2024. 8. 30.

《매일경제》, 「"노후아파트는 흉물", 강남주민 손사래…막 내린 박원순의 '한 동 남기기'」, 2023. 5. 21.

《매일경제》, 「서민아파트와 복부인」, 1981. 9. 10.

《매일경제》, 「주공아파트 연탄 온돌식 인기」, 1981. 9. 30.

《매일경제》, 「주공아파트 지방도시, 공단 주변에 건설」, 1979. 1. 20.

《매일경제》, 「주공임대 9088가구 분양 전환」, 2033. 4. 30.

《매일신문》, 「연탄온돌의 추억」, 2016. 12. 16.

《머니투데이》, 「세종 신흥주공연립 재건축 시공사 선정, 또 불발」, 2023. 1. 26.

《머니투데이》,「신반포16차 재건축, 500년 된 봉나무 복병」, 2018. 4. 4.

《머니투데이》,「재건축 때 나무 버리는 이유 아세요?」, 2015. 11. 23.

《무비스트》,「집과 사람, 그리고 식물 〈봉명주공〉 김기성 감독」, 2022. 5. 23.

《문화일보》,「목포 용해동 580가구 분양 」, 2005. 11. 9.

《문화저널21》,「이제는 사라진 추억의 공간…청주 '봉명주공' 아파트」, 2022. 5 .10.

《부산일보》,「양산 범어주공2·3차 아파트 재건축 정밀안전진단 용역」, 2023. 7 .6.

《빅이슈코리아》,「아파트를 기록하며 깨닫는 것들」, 2022. 11. 17.

《서울경제》,「건축과 도시 – 재건축 앞둔 '반포주공' 한 동 남기기」, 2018. 7. 4.

《순천광장신문》,「조례주공 1,2차 아파트 재건축 움직임」, 2024. 7. 8.

《씨네21》,「재개발 위한 철거 앞둔 둔촌주공아파트 사람들 담은 라야 감독」, 2018. 11. 1.

《아시아경제》,「54년된 '연남 새마을 아파트', 시공사 선정 나선다」, 2022. 11. 17.

《아시아경제》,「"안녕 나의 고향", 옛 아파트를 기록하려는 사람들」, 2019. 3. 30.

《아유경제》,「평택 서정연립 재건축, 관리처분 변경인가 매듭」, 2022. 11. 16.

《에이빙》,「국내최초 마을 흔적 보전 사업 완료 – 창원 '용지주공2단지' 마을 흔적 찾기」, 2017. 10. 24.

《여수넷통뉴스》,「역사 속으로 사라진 중앙난방 시설용 굴뚝」, 2020. 12. 1.

《연합뉴스》,「재건축 아파트보다 더 높게 자란 나무, 살릴 순 없나요」, 2017. 11. 27.

《연합뉴스》,「주공, 주택 1백만 호 달성 발자취」, 1996. 11. 7.

《오마이뉴스》,「경주 재건축, 재개발 바람, 바람으로 그칠까?」, 2024. 11. 13.

《영남일보》,「경북 영주서 가장 오래된 아파트 '휴천주공' 재건축 추진」, 2022. 10 .29.

《인천일보》,「하나둘씩 사라지는 아파트 굴뚝」, 2017. 9. 13.

《전북일보》,「익산 어양주공아파트 재건축」, 2005. 9 .6.

《제주의소리》,「재건축 1호 제주 도남주공연립 사업 급물살」, 2015 5 .6.

《제주의소리》,「제주 화북주공, 아파트 값 들썩 – 도대체 무슨 일이」, 2010. 8. 18.

《조선비즈》,「강남불패의 서막 반포주공 – '고자촌'으로 불린 사연은」, 2021. 9 .3.

《조선비즈》,「고덕그라시움 – 고덕주공 재건축 완료되면 1만 5000가구 강동구 대표 주거단지 」, 2016. 9 .30.

《조선비즈》,「박원순이 남긴 '낡은 아파트' 사라진다 – '재건축 흔적 남기기' 재검토」, 2021. 9 .2.

《조선일보》,「광주에 아파트 열풍, 서울 투기꾼들 몰려, 주공 13평형」, 1979. 5. 12.

《조선일보》,「주공아파트, 나년부턴 서울에 안 짓는다 – 영세민 지방 이주 지원」, 1979. 3. 3.

《주거환경life》,「속초주공1차, 최고의 주거지 속초하우스스토리로 거듭나」, 2012. 3. 20.

《중부매일》,「지금, 운천주공아파트」, 2024. 8. 5.

《중앙일보》,「둔촌주공 250마리 길냥이 이주 작전」, 2022. 3. 16.

《충청리뷰》,「50년동안 아파트는 누가 다 지었나」, 2023. 1. 9.

《프라임경제》,「제주 이도주공 재건축 본격화, "2028년 완공 목표"」, 2024. 12. 9.

《프레시안》,「제주의 녹색 분칠 – 우리에겐 아직 더 많은 숲이 필요하다」, 2024. 11. 21.

《컨슈머치》,「금호건설, 조치원 신흥주공 재건축 시공사 선정 」, 2021. 2.17.

《하우징헤럴드》,「진주 1-5구역 재건축, 관리처분계획 인가」, 2023. 12. 30.

《한경닷컴》, 「우리나라 최초의 아파트와 고급 주택단지 – 성문 밖 첫 동네, 충정로 이야기」, 2024. 2. 13.

《한국경제》, 「구미시 형곡동 – 24/33/44평형 3,500가구 건설」, 1995. 9. 27.

《한국경제》, 「추억 속의 주공아파트」, 2023. 9. 27.

《한국일보》, 「아파트 격세지감 – 재건축 훈풍에 주공, 시영 아듀」, 2015. 2. 11.

《헤럴드경제》, 「개포, 고덕 사라지는 '꼬마아파트' – 1만 3000여 가구만 남았다」, 2016. 3. 10.

《헤럴드경제》, 「개포 재건축, 사람은 좋겠지만 1만 그루 나무는 어디로?」, 2016. 3. 6.

《헤럴드경제》, 「중고차보다 싼 집 값, 990만원 아파트 18채 거래」, 2023. 8. 22.

부록
전국에 남아 있는
저층 주공아파트
단지들

번호	지역	이름	주소	준공	최고층	동 수	세대수	평형(방, 화장실 계수)	세대당 지분
1	강릉	내곡주공	강릉시 내곡동 623	1989	5	6	300	15(방2, 화1), 17평(방3, 화1)	16.6평
2	강릉	노암주공2단지	강릉시 노암동 835	1984	5	7	240	14, 16(방2, 화1), 19평(방3, 화1)	24.3평
3	강릉	임암주공1단지	강릉시 임암동 641	1986	5	14	480	13, 15평(방2, 화1)	16.8평
4	강릉	임암주공2단지	강릉시 임암동 49	1990	5	7	380	14, 15, 17평(방2, 화1)	15.9평
5	강릉	포남주공1단지	강릉시 포남동 1065	1981	5	18	640	12평(방2, 화1)	13.2평
6	강릉	포남주공2단지	강릉시 포남동 1200	1989	5	11	380	14, 15, 17평(방2, 화1)	14.6평
7	동해	북평1단지연립주택	동해시 구미동 429	1986	3	17	228	14평(방2, 화1)	28평
8	동해	북평주공2차	동해시 북평동 151-5	1989	5	5	150	14, 17평(방2, 화1)	16.3평
9	동해	전구주공1차	동해시 전구동 1080	1983	5	8	330	13, 15평(방2, 화1)	19.3평
10	동해	전구주공2차	동해시 전구동 1060-1	1984	5	6	150	14, 16(방2, 화1), 19평(방3, 화1)	22.8평
11	동해	전구주공3차	동해시 전구동 306	1989	5	10	270	13(방1, 화1), 15(방2, 화1), 19평(방3, 화1)	23.3평
12	동해	전구주공4차	동해시 전구동 415	1989	5	19	900	11, 12, 14평(방2, 화1)	15.8평
13	삼척	정상주공	삼척시 정상동 454	1988	5	7	300	8, 11, 14, 15평(방2, 화1)	16.2평
14	속초	교동주공2차	속초시 교동 898	1990	5	17	590	15(방2, 화1), 17평(방3, 화1)	16.2평
15	영월	하송주공1차	영월군 영월읍 하송리 189-2	1983	5	10	320	13, 17평(방2, 화1)	18.3평
16	영월	하송주공2차	영월군 영월읍 하송리 389	1992	5	8	290	13(방2, 화1), 15평(방3, 화1)	16.8평
17	원주	단계주공	원주시 단계동 792	1984	5	26	810	14(방2, 화1), 16, 19평(방3, 화1)	25.5평
18	원주	단구1단지	원주시 명륜동 376	1988	5	16	700	9,12, 15(방2, 화1), 17평(방3, 화1)	16.7평
19	원주	단구2단지	원주시 명륜동 480	1990	5	11	370	17평(방3, 화1)	18.6평
20	원주	원동주공1,2차	원주시 원동 295	1987	5	29	980	13, 15, 18(방2, 화1), 21평(방3, 화1)	20.1평

번호	지역	이름	주소	준공	최고층	동 수	세대수	평형(방, 화장실 개수)	세대당 지분
21	정선	무릉아파트	정선군 남면 무릉리 590-1	1986	5	7	230	13평(방1, 화1)	18.4평
22	정선	무릉주공	정선군 남면 무릉리 530	1992	5	7	300	13평(방2, 화1)	14.6평
23	정선	정선주공사북	정선군 사북읍 사북리 435-1	1984	5	4	170	13(방2, 화1), 15평(방3, 화1)	23.7평
24	정선	도사곡주공2단지	정선군 사북읍 사북리 435-5	1991	5	6	310	13평(방2, 화1)	17평
25	주문진	교향주공1단지	강릉주문진읍 교항리 387-6	1982	5	5	190	12, 13평(방2, 화1)	15.1평
26	춘천	후평주공4단지	춘천시 후평동 808-1	1985	3, 5	29	708	14, 15, 16(방2, 화1), 19평(방3, 화1)	22.7평
27	춘천	후평주공5단지	춘천시 후평동 481	1989	5	13	590	14, 15, 17평(방2, 화1)	17.2평
28	춘천	후평주공6단지	춘천시 후평동 481	1989	5	10	390	18(방2, 화1), 21평(방3, 화1)	22.6평
29	춘천	우냉수공7단지	순천시 우냉동 4//	1989	5	14	460	14, 15, 17평(방2, 화1)	17.1평
30	태백	동점아파트	태백시 동점동 74	1986	5	9	300	13평(방2, 화1)	16.5평
31	태백	황지주공1차	태백시 황지동 229-16	1983	5	8	300	13, 15평(방2, 화1)	17.6평
32	태백	황지주공2차	태백시 황지동 87-8	1985	5	14	560	13, 15평(방2, 화1)	19.6평
33	과천	과천주공1단지	과천시 부림동 41	1982	5	17	720	16, 18, 24, 26평(방3, 화1)	16평
34	과천	과천주공9단지	과천시 중앙동 67	1984	2, 5	26	632	25, 26, 27(방3, 화1), 33, 40평(방4, 화2)	30.5평
35	부천	과천주공10단지	부천시 원종동 129-52	1988	5	13	490	14(방1, 화1), 15, 17평(방2, 화1)	14.5평
36	수원	원종주공	수원시 팔달구 우만동 28	1988	5	13	500	13, 15평(방2, 화1)	14.2평
37	안산	우만주공1단지	수원시 단원구 선부동 967	1989	5	11	540	14, 15, 17평(방3, 화1)	15.8평
38	안산	군자주공9단지	안산시 단원구 고산동 647	1986	5	37	1108	13, 15, 17평(방2, 화1), 20평(방3, 화1)	20평
39	안산	중앙주공5단지1구역	안산시 단원구 고잔동 676-2	1986	5	17	590	13, 15평(방2, 화1)	21.2평
40	안성	아양주공1차	안성시 아양동 300	1991	6	17	936	13, 15, 16평(방2, 화1)	12.9평

번호	지역	이름	주소	준공	최고층	동 수	세대수	평형(방, 화장실 개수)	세대당 지분
41	오산	가수주공	오산시 가수동 113	1990	5	16	620	13(방2, 화1), 15평(방3, 화1)	15.3평
42	인천	만수주공1단지	인천시 남동구 만수동 29	1985	5	20	516	13(방2, 화1), 15평(방3, 화1)	11.9평
43	인천	만수주공3단지	인천시 남동구 만수동 46	1986	3, 5	20	510	17, 18, 19(방2, 화1), 20, 22평(방3, 화1)	16.1평
44	평택	서정주공3차	평택시 서정동 909-1	1988	5	10	380	9(방1, 화1), 12, 15, 17평(방2, 화1)	17.8평
45	평택	이충주공4단지	평택시 이충동 478	1990	5	13	490	14, 15(방2, 화1), 17평(방3, 화1)	14.7평
46	거제	장평주공2단지	거제시 장평동 619	1992	5	14	630	13, 15, 16평(방2, 화1)	14.7평
47	양산	범어주공2단지	양산시 물금읍 범어리 823	1990	5	9	420	13(방2, 화1), 15평(방3, 화1)	15.4평
48	양산	범어주공3단지	양산시 물금읍 범어리 789	1990	5	11	410	17(방2, 화1), 19평(방3, 화1)	19.3평
49	진주	상대주공	진주시 하대동 72	1980	5	11	510	12평(방2, 화1)	14.3평
50	진주	상봉주공1차	진주시 상봉동 801-1	1979	5	13	650	12평(방2, 화1)	10.8평
51	진주	상봉주공2차	진주시 상봉동 1446	1986	5	9	260	17(방2, 화1), 20평(방3, 화1)	21.1평
52	진주	이현주공	진주시 이현동 9-13	1983	5	21	640	14, 16(방2, 화1), 18, 19평(방3, 화1)	16.6평
53	진주	평거주공1단지	진주시 평거동 326	1988	5	7	340	14, 15(방2, 화1), 17평(방3, 화1)	17.2평
54	진주	하대주공	진주시 하대동 73-1	1982	5	10	500	12, 15평(방2, 화1)	10.3평
55	진해	경화주공	창원시 진해구 경화동 859	1986	5	9	420	11, 13평(방2, 화1)	13.5평
56	진해	석동주공	창원시 진해구 석동 90-1	1991	5	16	750	12, 16평(방2, 화1), 17평(방3, 화1)	13.9평
57	진해	풍호주공	창원시 진해구 풍호동 744	1990	5	11	390	14, 15, 17평(방2, 화1)	14.5평
58	창원	내동주공1단지	창원시 성산구 내동 454-9	1977	5	4	200	15평(방2, 화1)	15.4평
59	통영	중무봉평주공	통영시 봉평동 352	1980	5	9	440	12평(방2, 화1)	16.5평
60	경주	성건주공	경주시 성건동 585	1980	4	7	192	17평(방3, 화1)	25.71평

번호	지역	이름	주소	준공	최고층	동 수	세대수	평형(방, 화장실 개수)	세대당 지분
61	경주	성건주공연립	경주시 성건동 687	1984	3	7	117	18(방2, 화1), 22평(방3, 화1)	39.9평
62	경주	황성주공1차	경주시 황성동 295	1986	5	18	620	11, 13, 15평(방2, 화1)	15.7평
63	경주	황성주공2차	경주시 황성동 893	1991	5, 6	22	848	13(방1, 화1), 15, 16평(방3, 화1)	15.7평
64	구미	공단주공3차	구미시 공단동 256	1984	5	10	200	22, 25평(방3, 화1)	31평
65	구미	형곡주공3단지	구미시 형곡동 141-11	1988	5	18	680	9(방1, 화1), 12, 15, 17평(방2, 화1)	15.1평
66	구미	형곡주공4단지	구미시 형곡동 169	1988	5	14	430	17, 19평(방2, 화1)	21.7평
67	문경	흥덕주공	문경시 흥덕동 330	1983	5	5	200	13평(방2, 화1)	18.5평
68	상주	냉림주공1단지	상주시 냉림동 172	1984	3, 5	11	247	14, 16, 18, 19평(방2, 화1), 22평(방3, 화1)	30.4평
69	상주	냉림주공2단지	상주시 냉림동 119	1989	5	7	290	13, 15평(방2, 화1)	14.5평
70	안동	송현주공1단지	안동시 송현동 271	1984	5	13	420	13(방2, 화1), 14, 16평(방3, 화1)	24.5평
71	안동	송현주공2단지	안동시 송현동 316	1990	5	19	940	11, 15평(방2, 화1)	15.3평
72	안동	용상주공1단지	안동시 용상동 985-1	1980	5	8	360	12평(방2, 화1)	15.1평
73	안동	태화아파트	안동시 태화동 232-1	1978	5	8	370	10, 12평(방2, 화1)	10.1평
74	영주	영주동주공아파트	영주시 영주동 470-220	1984	5	9	300	12,14(방2, 화1), 17평(방3, 화1)	27평
75	영주	후천주공아파트	영주시 후천동 392	1980	5	7	260	12평(방2, 화1)	15평
76	칠곡	왜관주공1단지	칠곡군 왜관읍 왜관리 347-5	1986	5	7	260	13, 15평(방2, 화1)	17.5평
77	포항	두호주공2차	포항시 북구 창포동 611	1988	5	16	520	14, 15, 17평(방2, 화1)	16.8평
78	포항	두호주공3차	포항시 북구 창포동 613	1989	5	15	470	14, 15(방2, 화1), 17평(방3, 화1)	18.9평
79	광주	우산주공1단지	광주광역시 북구 문흥동 787-8	1989	5	13	620	14, 15, 17평(방2, 화1)	11.2평
80	대구	현풍주공	대구 달성군 현풍읍 원교리 103	1985	5	6	230	13, 15평(방2, 화1)	13평

237

번호	지역	이름	주소	준공	최고층	동 수	세대수	평형(방, 화장실 개수)	세대당 지분
81	대전	가오주공	대전시 동구 가오동 210	1985	5	15	460	14, 16, 19평(방2, 화1)	20.6평
82	대전	신대주공	대전시 대덕구 신대동 179	1987	5	13	540	13, 15평(방2, 화1)	17.9평
83	대전	연축주공	대전시 대덕구 연축동 102	1987	5	18	670	13, 15평(방2, 화1)	18.9평
84	부산	개금주공1단지	부산시 부산진구 개금동 53-1	1987	6	8	380	11평(방1, 화1), 13평(방2, 화1)	14.5평
85	서울	상계주공5단지	서울시 노원구 상계동 721	1987	5	19	840	11평(방1, 화1)	12.2평
86	서울	세마을(연남)아파트	서울시 마포구 연남동 244-15	1970	5	3	70	13평(방2. 화1)	11.9평
87	서울	인왕아파트	서울시 서대문구 홍제동 104-58	1968	5	4	127	17, 21평(방2, 화1)	5.7평
88	서울	이태원주공아파트	서울시 용산구 이태원동 728	1993	5	8	130	32평(방4, 화2)	34.86평
89	서울	한강맨션	서울시 용산구 이촌동 300-153	1971	6	23	660	26, 27(방3, 화1), 31, 36(방2, 화2), 50, 54평(방4, 화2)	38평
90	조치원	조치원주공	세종시 조치원읍 번암리 75-2	1989	5	11	480	13(방2, 화1), 15평(방3, 화1)	13.8평
91	조치원	조치원주공신흥	세종시 조치원읍 신흥리 106	1984	3	8	126	18(방2, 화1), 21평(방3, 화1)	36.5평
92	광양	목성주공	광양시 광양읍 목성리 976-4	1986	5	13	520	13, 15평(방2,화1)	17.5평
93	광양	칠성주공1,2차	광양시 광양읍 칠성리 89-5	1987	5	25	1040	8(방1, 화1), 11, 13, 14, 15, 18평(방2, 화1)	14.7평
94	광양	칠성주공3차	광양시 광양읍 칠성리 89-5	1988	5	17	590	13, 17, 19평(방2, 화1)	16.5평
95	나주	성북주공	나주시 성북동 11	1989	5	14	610	13(방2, 화1), 15평(방3, 화1)	15.4평
96	목포	용당한구	목포시 용당동 982-25	1977	5	9	350	12평(방2, 화1)	15.2평
97	목포	용해2단지	목포시 용해동 713	1983	5	9	390	15, 16, 18평(방3, 화1)	22.5평
98	목포	용해3단지	목포시 용해동 339	1985	5	6	180	14(방2, 화1), 16, 19평(방3, 화1)	33평
99	순천	매곡주공2단지	순천시 매곡동 409-3	1982	5	13	470	12, 15, 18평(방2,화1)	17.6평
100	순천	석현주공	순천시 석현동 7	1984	5	7	240	14, 16(방2,화1), 19평(방3,화1)	26.6평

번호	지역	이름	주소	준공	최고층	동 수	세대수	평형(방, 화장실 개수)	세대당 지분
101	순천	조례주공1,2단지	순천시 조례동 1348	1985	5	19	650	13, 15, 17, 20평(방2,화1)	21.4평
102	여수	국동주공2단지	여수시 국동 1010	1981	5	13	580	12(방2,화1), 17평(방3,화1)	19.9평
103	여수	둔덕주공	여수시 둔덕동 464	1984	5	13	420	14, 16(방2,화1), 19평(방3,화1)	28평
104	여수	신기주공3단지	여수시 신기동 6	1989	5	10	450	14, 15, 17평(방2, 화1)	17.5평
105	여수	신기주공4단지	여수시 신기동 39	1990	5	4	150	17평(방2,화1)	29.3평
106	여수	여서주공1차	여수시 여서동 241	1989	5	11	360	14, 15, 17평(방2, 화1)	15.6평
107	여수	여서주공2차	여수시 여서동 370	1990	5	12	450	17평(방2, 화1)	19.7평
108	군산	나운주공3차	군산시 나운동 835	1983	5	27	800	14, 16(방2,화1) 18, 19평(방3, 화1)	23.8평
109	군산	산북주공	군산시 산북동 3542	1989	5	19	750	15, 17평 (방2, 화1)	17.6평
110	남원	죽항주공1단지	남원시 죽항동 1	1984	5	13	410	13, 14, 15, 16(방2, 화1), 19평(방3, 화1)	19.4평
111	익산	마동주공1단지	익산시 마동 165	1980	5	15	610	12, 13평(방2, 화1)	15.7평
112	익산	마동주공2단지	익산시 마동 137-1	1985	5	10	330	13, 15평(방2, 화1)	18.5평
113	익산	영등주공1단지	익산시 영등동 530-1	1984	5	11	320	14, 16(방2, 화1), 19평(방3, 화1)	23.9평
114	익산	영등주공2단지	익산시 영등동 255-6	1986	5	8	290	9(방1, 화1), 12, 15, 17평(방2, 화1)	15.7평
115	전주	삼천주공3단지	전주시 완산구 삼전동1가 585-4	1989	5	9	500	14, 15(방2, 화1), 17평(방3, 화1)	17.8평
116	전주	효자주공3단지	전주시 완산구 효자동 1:3.3	1984	5	35	1230	13, 14(방2,화1), 15, 16, 19, 22, 25평(방3, 화1)	26.2평
117	서귀포	동홍주공1단지	서귀포시 동홍동 147	1988	5	9	310	13(방2, 화1), 15평(방3, 화1)	16.1평
118	서귀포	동홍주공2단지	서귀포시 동홍동 119	1990	5	6	300	13(방2, 화1), 15평(방3, 화1)	15.3평
119	제주	이도주공1단지	제주시 이도이동 888	1987	5	14	480	13, 14, 15(방2, 화1), 16, 19, 20평(방3, 화1)	26.3평
120	제주	이도주공2,3단지	제주시 이도이동 777	1988	5	18	760	13, 15(방2, 화1), 17평(방3, 화1)	16.5평

번호	지역	이름	주소	준공	최고층	동수	세대수	평형(방, 화장실 개수)	세대당 지분
121	공주	신관주공1단지	공주시 신관동 255-3	1985	5	8	240	14, 16평(방1, 화1), 19, 22평(방3, 화1)	24.7평
122	공주	신관주공2단지	공주시 신관동 285-2	1988	5	8	280	13, 17평(방2, 화1), 19평(방3, 화1)	17.3평
123	논산	부창주공	논산시 부창동 274-43	1989	5	8	300	13, 15평(방2, 화1)	17.4평
124	부여	동남주공	부여군 부여읍 동남리 41	1986	3, 5	20	480	13, 15, 16평(방2, 화1)	23.9평
125	서산	동문주공	서산시 동문읍 228	1988	5	8	300	13(방2, 화1), 15평(방2, 화1)	15.5평
126	아산	온양용화주공1단지	아산시 온천동 2017	1983	5	7	240	16, 18평(방2, 화1)	22.7평
127	천안	성정주공5단지	천안시 서북구 성정동 717	1988	5	25	920	14, 15, 17, 18(방2, 화1), 21평(방3, 화1)	18.1평
128	천안	성정주공6단지1차	천안시 서북구 성정동 785	1989	5	11	580	14, 15, 17, 18(방2, 화1)	16.5평
129	단양	신단양주공	단양군 단양읍 상진리 978	1985	5	7	300	12, 14평(방2, 화1)	16.3평
130	제천	고암주공	제천시 고암동 1250	1986	5	14	500	13, 15평(방2, 화1)	18.8평
131	제천	청전주공1차	제천시 청전동 4	1980	5	14	640	12, 14(방2, 화1), 15, 16, 19평(방3, 화1)	16.5평
132	제천	하소주공1단지	제천시 하소동 82	1989	5	12	420	14, 15, 17평(방2, 화1)	15.9평
133	청주	교현주공	청주시 교현동 518	1979	5	17	720	12, 14평(방2, 화1)	15.2평
134	청주	모충주공1단지	청주시 서원구 모충동 452-4	1985	5	8	330	13(방2, 화1), 15평(방3, 화1)	17.3평
135	청주	모충주공2단지	청주시 서원구 모충동 516	1989	5	16	640	14, 15, 18(방2, 화1), 21평(방3, 화1)	20.6평
136	청주	봉명주공1단지	청주시 흥덕구 봉명동 1602	1989	5	19	556	13, 15, 16, 17(방2, 화1), 20평(방3, 화1)	22.2평
137	청주	산남주공1단지	청주시 서원구 수곡동 324	1990	5	31	1240	14, 17평(방2, 화1)	18.4평
138	청주	운천주공	청주시 흥덕구 신봉동 528	1986	5	33	1200	13, 15, 17(방2, 화1), 20평(방3, 화1)	19평
139	충주	남산1단지	충주시 교현동 1083	1986	5	11	390	13, 15평(방2, 화1)	16.6평
140	충주	남산2단지 아파트	충주시 교현동 1061	1984	5	5	160	15, 17평(방3, 화1)	26평

번호	지역	이름	주소	준공	최고층	동 수	세대수	평형(방, 화장실 개수)	세대당 지분
141	충주	남산3단지	충주시 교현동 1060	1987	5, 6	8	330	8, 11, 13, 14평(방2, 화1)	13.6평
142	충주	남산연립	충주시 교현동 1082	1984	1	19	90	13평(방2, 화1)	55.4평
143	충주	연수공1단지	충주시 연수동 1227	1990	5	18	860	14, 15, 17평(방2, 화1)	10.6평

**더 주공,
우리가 살았던 그곳**

발행일 2025년 7월 15일
지은이 임지은
디자인 임지은
발행인 임지은
발행처 도서출판새서울
이메일 asano15@naver.com